新时代下建筑土木类课程规划教材

# BIM应用与建模基础

BIM YINGYONG YU JIANMO JICHU

主 编 张玉琢 马 洁 陈慧铭
主 审 张德海

大连理工大学出版社

图书在版编目(CIP)数据

BIM 应用与建模基础 / 张玉琢，马洁，陈慧铭主编
. -- 大连：大连理工大学出版社，2019.1(2022.1 重印)
新时代下建筑土木类课程规划教材
ISBN 978-7-5685-1847-5

Ⅰ. ①B… Ⅱ. ①张… ②马… ③陈… Ⅲ. ①建筑设
计－计算机辅助设计－应用软件－高等学校－教材 Ⅳ.
①TU201.4

中国版本图书馆 CIP 数据核字(2019)第 010712 号

大连理工大学出版社出版
地址：大连市软件园路 80 号　邮政编码：116023
发行：0411-84708842　邮购：0411-84708943　传真：0411-84701466
E-mail：dutp@dutp.cn　　URL：http://dutp.dlut.edu.cn
辽宁星海彩色印刷有限公司印刷　　大连理工大学出版社发行

幅面尺寸：185mm×260mm　　印张：15.75　　字数：382 千字
2019 年 1 月第 1 版　　2022 年 1 月第 3 次印刷

责任编辑：王晓历　　　　　　　　责任校对：王晓彤
封面设计：张　莹

ISBN 978-7-5685-1847-5　　　　　　　定　价：45.00 元

本书如有印装质量问题，请与我社发行部联系更换。

# 前言

当前,我国建筑业正面临着前所未有的机遇与挑战,国家提出了创新建筑业发展方式、促进建筑业转型升级的新要求。建筑信息模型(Building Information Modeling,BIM)技术进入我国建筑和土木工程领域已经经过了十几年的发展,在建筑业的变革中发挥着极为重要的作用——中国建筑业需要利用BIM技术实现在规划、设计、施工和运维等各阶段、各专业、各环节的无缝衔接,完成从粗放作业向精细作业的升级,实现从独立工作向协同工作的转变。在此背景下,推广和应用BIM技术是降低建造成本、提高建筑质量和运行效率、延长建筑生命周期的最佳途径,也是我国建筑业实现信息化、工业化的必由之路。

本教材分为BIM应用基础和Revit建模基础两篇,全书共9章。上篇内容包括:BIM概论、BIM在建筑全生命周期内的应用、BIM——未来已来、BIM应用工程实例,此篇系统地介绍BIM技术的基本概念,在规划、设计、施工和运维等建筑全生命周期内的应用情况,BIM技术未来的发展以及BIM技术在工程实例中发挥的作用;下篇内容包括:Revit 2019简介、项目设置、Revit Architecture的设计流程、建筑模型创建应用之简易别墅、建筑模型创建应用之现代别墅,此篇以建筑模型为例,系统地介绍了Revit 2019软件的操作命令、设计流程以及各项功能的使用方法。

本教材教学目标明确,教学内容清晰,章节编排合理,可作为新时代下普通高等院校土木工程或建筑类相关专业的入门教材,也可以作为相关从业人员的初学读本。

本教材由沈阳建筑大学张玉琢、马洁,中国中元国际工程有限公司陈慧铭任主编;由辽宁科技学院张童,沈阳建筑大学张龙巍、孙佳琳、肖奕萱、鲁世杰、孟玲军任副主编;沈阳建筑大学刘冬莉、许崇、陶宁、施勇、周昶、赵升彬、王薇、史清华、吴松等参与了本教材的编写。本教材由沈阳建筑大学张德海任主审。全书由张玉琢统稿并定稿。

新世纪

在编写本教材的过程中,编者参考、引用和改编了国内外出版物中的相关资料以及网络资源,在此表示深深的谢意!相关著作权人看到本教材后,请与出版社联系,出版社将按照相关法律的规定支付稿酬。

限于水平,书中仍有疏漏和不妥之处,敬请专家和读者批评指正,以使教材日臻完善。

编 者
2019 年 1 月

所有意见和建议请发往:dutpbk@163.com
欢迎访问教材服务网站:http://www.dutpbook.com
联系电话:0411-84708445　84708462

# 目　录

# 下篇　Revit 建模基础

# 上篇　BIM应用基础

和绘图中解放出来,他们可以把更多的精力放在方案优化、改进和复核上,大大提高了设计效率和设计质量,缩短了设计周期。施工企业运用现代信息技术、网络技术、自动控制技术以及信息、网络设备和通信手段,在企业经营、管理、工程施工的各个环节上都实现了信息化,包括信息收集与存储的自动化、信息交换的网络化、信息利用的科学化和信息管理的系统化,提高了施工企业的管理效率、技术水平和竞争力。城市规划、建设中利用人工智能和GIS(Geographic Information System 地理信息系统)技术,提供城市、区域乃至工程项目建设规划的方案制定和决策支持,CAE(Computer Aided Engineering 计算机辅助工程)技术也得到了不同程度的发展和应用。当前,工程领域计算机应用的范围和深度也在不断发展,建筑工程 CAD 正朝着智能化、集成化和信息化的 BIM(Building Information Modeling)方向发展,异地设计、协同工作,信息共享的模式正受到广泛的重视。计算机的应用已不再局限于辅助设计,而是扩展到了工程项目全生命周期的每一个方向和每一个环节。CAD 已经走向 BIM,即在工程项目全生命周期的每一个方向和每一个环节中全面应用信息处理技术、虚拟现实 VR(Virtual Reality)技术、可视化技术等与 BIM 相关的支撑技术。

二十多年来,一些发达国家正在加速研究建筑信息技术来提升本国建筑业的可持续发展。例如,美国十分重视信息技术在行业中的应用,美国斯坦福大学早在 1989 年就成立了跨土木工程学科和计算机学科的研究中心 CIFE(Center for Integrated Facility Engineering),多年来,该研究中心得到了充分的科学基金和企业赞助,在建筑业信息化方面做了大量前瞻性的工作,对美国乃至世界在此方面的研究起到了带头作用。又如,欧盟投巨资组织了 ESPRIT(欧洲信息技术研究与开发战略规划),完成了 COMMIT、COMBINE、ATLAS等多项著名的研究项目,发表了富有成效的研究成果,为建筑业向信息化方面发展打下了牢固的基础。日本是世界上第一个在建设领域系统地推进信息化的国家,早在 1996 年,日本建设省就做出了关于针对公共建设项目推进信息化的决定。按照该决定,公共建设项目的信息化分两步走:第一步,于 2004 年前首先在建设省直属的国家重点项目中实现信息化;第二步,于 2010 年前在全部公共建设项目中实现信息化。目前,这些目标已经基本实现。

在实行工程项目的信息化管理方面,美国通过大型软件公司与建筑企业的有机结合,走在了世界的前列。比较典型的例子是 Autodesk 公司研制的 Buzzsaw 平台已经成功地用于近 65000 个工程项目的管理。另外,类似 Buzzsaw 平台的还有 Honeywell 公司的 My Construction 平台、Unisys 公司的 Project Center,在实际工程中也都得到了很好的应用。在电子政务方面,发达国家和地区大多数已经建成了较为完善的电子政务系统,建筑业的有关企业和个人都可以从因特网上获取必要的信息,办理相关的手续。如英国建立了"建筑网"和"承包商数据库",使公众可以在网络上查询政府在建筑方面的法规、政策和承包商的信息。一些国家和地区还建立了政府项目的招投标采购系统(日本、中国台湾)、建筑项目设计报批管理系统(新加坡)、公共项目的计算机辅助管理系统(中国香港),达到了有效降低工程成本、提高工程质量、减少腐败行为的效果。

在促进和运用信息化标准方面,一些发达国家相继建立了各种组织和标准。比如国际开放性组织 buildingSMART(早期为 IAI)所制定的 IFC 标准,已经成为各国广泛采纳和推广的建筑工程信息交换标准。美国建筑科学研究协会制定和建立了国家建筑信息模型标准NBIMS(National BIM Standard)和智能建筑联盟 BSA(Building Smart Alliance)组织,并相继于 2007 年和 2011 年发布 NBIMS 标准初始版和第二版本。2009 年,威斯康星州成为美

# 第1章

# BIM概论

**本章要点：**

(1)建筑业信息化发展背景介绍。

(2)BIM 的定义和其在国内外发展历程。

(3)BIM 的价值、特征和意义。

(4)Revit 等常用的 BIM 类软件。

**学习目标：**

(1)了解建筑业信息化的发展背景及其与 BIM 间的关系。

(2)了解 BIM 的定义和其在国内外的发展。

(3)掌握 BIM 的价值、特征和意义。

(4)了解常用的 BIM 类软件。

## 1.1　建筑业信息化背景

### 1.1.1　建筑业信息技术的发展

　　近三十年来，随着人工智能技术、多媒体技术、可视化技术、网络技术等新兴信息技术的飞速发展及其在工程领域中的广泛应用，信息技术已成为建筑业在 21 世纪持续发展的命脉。在工程设计行业，CAD 技术的普遍运用，已经彻底把工程设计人员从传统的设计计算国第一个要求州内新建大型公共建筑项目使用 BIM 的州政府,其发布的实施规则要求是:州内预算在 500 万美元以上的公共建筑项目都必须从设计开始就应用 BIM 技术。欧盟建立了基于 BIM 标准的 STAND-INN(Standard lnnovation)组织,旨在通过运用 BIM 技术推动建筑业的更高效发展,提高整个地区建筑业的国际竞争力。早在 2012 年初,芬兰 20%～30% 的公共项目就采用了 BIM 技术,并在未来几年会达到 50%,公共部门成为 BIM 使用的主要推动力。2011 年 5 月,英国内阁办公室发布了"政府建设效率"的文件,指定政府于 2016 年完全使用三维 BIM 的最低要求。同时,英国由多家设计和施工企业共同成立了标准制定委员会,制定了相应"AEC(UK)BIM 标准",并作为推荐性的行业标准。据相关统计,在 2009 年北美洲的工程 BIM 应用率已经达到 49%,欧洲(英国、法国、德国)的使用率也已达到 36%。而在 2012 年,北美洲 71% 的建筑师、工程师、承包商和业主都在应用 BIM,这主要得益于政府的支持、相关规范的出台以及 BIM 应用软件的不断更新。

澳大利亚规定 2016 年 7 月起所有澳大利亚政府的建筑采购要求使用基于开放标准的全三维协同 BIM 进行信息交换。亚洲的日本、韩国和新加坡也正在大力发展本国的建筑信息标准技术。比如,新加坡政府的电子审图系统是 BIM 标准在电子政务中应用的最好实例,从 2010 年开始新加坡所有公共工程全面以 BIM 设计施工,要求在 2015 年所有的公私建筑均以 BIM 送审及建造。韩国政府已成立全国性的 BIM 发展专案计划,并由庆熙大学开发基于 BIM 的 eQBQ(e-Quick Budget Quantity)系统,该国实施 BIM 标准的具体计划是:在 2012～2015 年全部大型工程项目都采用基于 BIM 的 4D 技术(3D 几何模型附加成本管理),在 2016 年前实现全部公共工程应用 BIM 技术。日本政府鼓励企业和院校积极参与 BIM 标准数据模型扩展工作,其国家建筑协会已经推出了符合本国特色的 BIM 标准手册,用以指导 BIM 在实际工程中的应用。中国香港地区由香港房屋委员会制定 BIM 标准和实施指南,自 2006 年起已在超过 19 个房屋发展项目中的不同阶段(包括由可行性研究阶段到施工阶段)应用了 BIM 技术,计划从 2014～2016 年将 BIM 应用作为所有房屋项目的设计标准。中国台湾地区主要由台湾营建署参与 BIM 标准的制定和推广,台湾大学土木系成了"工程咨询模拟与管理研究中心(简称 BIM 研究中心)",用以促进 BIM 相关技术应用的经验交流、成果分享、产学研合作等。

中国大陆 BIM 标准的制定是从 2012 年年初开始的,提出了分专业、分阶段、分项目的 P-BIM 概念,将 BIM 标准的制定分为三个层次,并由标准承担单位中国建筑科学研究院牵头筹资千万元成立了"中国 BIM 发展联盟",旨在全面推广 BIM 技术在中国的应用。为了推动中国建筑业信息化的发展,住房和城乡建设部在《2016～2020 年建筑业信息化发展纲要》中明确提出,在"十三五"期间基本实现建筑企业信息系统的普及应用,加快建筑信息模型(BIM)等新技术在工程中的应用。

## 1.1.2　信息化发展存在的问题

信息技术的运用势必会成为改造和提升传统建筑业向技术密集型和知识密集型方向发展的突破口,并带来行业的振兴和创新,提高建筑企业的综合竞争力。中国在二十多年前就开始进行建筑行业的信息化改造,到目前为止,已经有很多建筑企业开发了自己的信息管理系统,其中部分管理先进的企业已经初步实现了企业信息化的建设。然而,与国外发达国家和其他行业相比,中国建筑业信息化发展还尚存差距。除了在管理体制、基础设施、资金投入和技术人才等方面的问题以外,直接影响信息化应用效果和发展水平的几个主要方面如下:

**1. 工程生命周期不同阶段的信息断层**

在设计企业中,虽然已实现了软件设计和计算机出图,但是行业中各主体间(如业主、设计、施工、运营维护)的信息交流还是基于纸介质,所生成的数据文档在建筑和结构等各专业之间以及其后的施工、监理、物业管理中很少甚至未能得到利用。这种方式导致工程生命周期不同阶段的信息断层,造成许多基础工作在各个生产环节中出现重复,降低了生产效率,使成本费用上升。

**2. 建设过程中信息分布离散**

工程项目的参与者涉及多个专业,包括勘测、规划设计、施工、造价、管理等专业,众多参与专业各自独立,而且各专业使用的软件并不完全相同。随着建设规模日益扩大。技术复杂程度不断增加,工程建设的分工越来越细,一项大型工程可能会涉及几十个专业和工种。这种分散的操作模式和按专业需求进行的松散组合,使工程项目实施过程中产生的信息来自众多参与方,形成了多个工程数据源。目前,建筑领域各专业之间的数据信息交换和共享是很不理想的,从而不能满足现代建筑信息化的发展,阻碍了行业生产效率的提高。

**3. 应用软件中的信息孤岛**

工程项目的生命周期很长,一项工程从规划开始到最后报废,均属于生命周期范围内,这个过程一般持续几十年甚至上百年。在这个过程中免不了会出现业主更替、软件更新、规范变化等情况,而目前行业应用软件只是涉及工程生命周期某个阶段的、某个专业的局部应用。在工程项目实施的各个阶段,甚至在一个工程阶段的不同环节,计算机的应用系统都是相互孤立的。这就难以实现项目初期建立的建筑信息数据随着生命周期的发展能达到全面的交换和共享,从而导致严重的信息孤岛现象。

**4. 交流过程中的信息损失**

当前的设计方法主要是使用抽象的二维图形和表格来表达设计方案和设计结果,这种二维图形、表格中包含了许多约定的符号和标记,用于表示特定的设计含义和专业术语。虽然这些符号和标记为专业技术人员所熟知,但仅仅依赖这些二维图表仍然难以全面描述设计对象的工程信息,更难以表述设计对象之间复杂的关系。同时这些抽象的二维图表所代表的工程意义也难以被计算机语言识别,给计算机自动化处理带来了很大的困难。在工程项目不同阶段传输和交流时,很容易导致信息歧义、失真和错误,会不可避免地产生信息交流损失,如图1-1所示。

图 1-1　交流过程中的信息损失

**5. 缺少统一的信息交换标准，信息集成平台落后**

目前，建筑领域的应用软件和系统基本上都是一些孤立和封闭的系统，开发时并没有遵循统一的数据定义和描述规范，而以其系统自定义的数据格式来描述和保存系统处理结果。虽然目前也有部分集成化软件能在企业内部不同专业间实现数据的交流和传递，但设计过程中可能出现的各专业间协调问题仍然无法解决。由于缺乏统一的信息交换标准和集成的协同工作平台，信息很难被直接再利用，需要消耗大量的人力和时间来进行数据转换，造成了很长的集成周期和较高的集成成本。

此外，中国建筑业在规划、设计阶段广泛应用的是二维 CAD 技术，部分虽然应用三维 CAD 技术，但现有应用系统的开发都是基于几何数据模型，主要通过图形信息交换格式进行数据交流。这种几何信息集成即使得以实现，所能传递和共享的也只是工程的几何数据，相关的勘探、结构、材料以及施工等工程信息仍然无法直接交流，也无法实现设计、施工管理等过程的一体化。而且各阶段应用系统基本上还是基于静态的二维图形环境或文本操作平台，设计结果和信息表达主要是二维图形与表格，缺乏集成化的工程信息管理平台。

## 1.1.3　BIM 与信息化

在过去的三十多年中，计算机辅助设计 CAD 技术的普及和推广使得建筑师、结构工程师们得以摆脱手工绘图走向电子绘图，但是 CAD 毕竟只是一种二维的图形格式，并没有从根本上脱离手工绘图的思路。另外，基于二维图形信息格式容易导致交换过程中产生大量非图形信息的丢失（见图 1-2），这对提高建筑业的生产效率、减少资源浪费、开展协同工作等方面具有很大的障碍。在相当长的一段时期里，建筑工程软件之间的信息交换是杂乱无章的，一个软件必须输出多种数据格式，也就是建立与多种软件之间的接口，而其中任何一个软件的变动，都需要重新编写接口。这种工作量和效率使得很多软件公司都设想能够通过一种共同的模型，来实现各软件之间的信息交换。

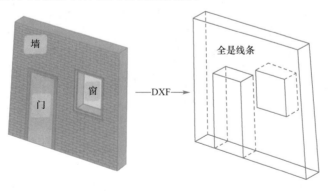

图 1-2　基于二维图形格式交换的缺陷

随着信息技术的不断发展，单纯的二维图像信息已经不能满足人们的需要，人们在进行建筑信息处理的过程中发现许多非图形信息比单纯的图形信息更重要。虽然随着 Auto-CAD 版本的不断更新，DWG 格式已经开始承载更多的超出传统绘图纸的功能，但是，这种对 DWG 格式的小范围的修缮还远远不够。

1995 年 9 月，在北美建立了国际互协作组织 IAI(International Alliance for Interoperability)，其最初目的是研讨实现行业中不同专业应用软件协同工作的可能性。由于 IAI 的名称令人难以理解，2005 年在挪威举行的 IAI 执行委员会会议上，IAI 被正式更名为 buildingSMART，致力于在全球范围内推广和应用 BIM 技术及其相关标准。目前 buildingSMART 已经从最初局限于北美和欧洲的区域性组织发展到如今遍布全球 26 个国家的开放性国际组织。buildingSMART 组织的目标是提供一种稳定发展的、贯穿工程生命周期的数据信息交换和互协作模型，如图 1-3 所示，图中箭头方向为从规划阶段到运维管理等阶段的各种数据信息的发展，其最终宗旨是在建筑全生命周期范围内改善信息交流、提高生产力、缩短交付时间、降低成本以及提高产品质量，如图 1-4 所示。

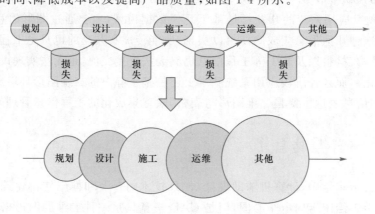

图 1-3　buildingSMART 的目标

图 1-4　buildingSMART 数据共享环形图

自 2002 年以来，随着 IFC(Industry Foundation Classes)标准的不断发展和完善，国际建筑业兴起了以围绕 BIM(Building Information Modeling)为核心的建筑信息化的研究。在工程生命周期的几个主要阶段，比如规划、设计、施工、运维管理等，BIM 对于改善数据信息集成方法、加快决策速度、降低项目成本和提高产品质量等方面起到了非常重要的作用。同时，BIM 可以促进各种有效信息在工程项目的不同阶段、不同专业间实现数据信息的交换和共享，从而提高建筑业的生产效率，促进整个行业信息化的发展。

# 1.2  BIM 的概念和发展

## 1.2.1  BIM 的定义

在上一节介绍中,多次出现 BIM 一词,那么 BIM 的含义究竟是什么? 我们首先对 BIM 的三种解释加以区别,见表 1-1。

表 1-1　　　　　　　　　　　BIM 的三种解释

| BIM 三种解释 | 说明 |
| --- | --- |
| Building Information Model | 是建设工程(如建筑、桥梁、道路)及其设施的物理和功能特性的数字化表达,可以作为该工程项目相关信息的共享知识资源,为项目全生命周期内的各种决策提供可靠的信息支持 |
| Building Information Modeling | 是创建和利用工程项目数据在其全生命周期内进行设计、施工和运营的业务过程,允许所有项目相关方通过不同技术平台之间的数据互用在同一时间利用相同的信息 |
| Building Information Management | 是使用模型内的信息支持工程项目全生命周期信息共享的业务流程的组织和控制,其效益包括集中和可视化沟通、更早进行多方案比较、可持续性分析、高效设计、多专业集成、施工现场控制、竣工资料记录等 |

世界各地的学者对 BIM 有多种定义,美国国家 BIM 标准将建筑信息模型(Building Information Modeling,BIM)描述为"一种对项目自然属性及功能特征的参数化表达"。因为具有如下特性,BIM 被认为是应对传统 AEC 产业(Architecture,建筑;Engineering,工程;Construction,建造)所面临挑战的最有潜力的解决方案。首先,BIM 可以存储实体所附加的全部信息,这是 BIM 工具得以进一步对建筑模型开展分析运算(如结构分析、进度计划分析)的基础;其次,BIM 可以在项目全生命周期内实现不同 BIM 应用软件间的数据交互,方便使用者在不同阶段完成 BIM 信息的插入、提取、更新和修改,这极大增强了不同项目参与者间的交流合作,并大大提高了项目参与者的工作效率。因此,近年来 BIM 在工程建设领域的应用越来越引人注意。

BIM 之父 Eastman 在 2011 年提出 BIM 中应当存储与项目相关的精确几何特征及数据,用来支持项目的设计、采购、制造和施工活动。他认为,BIM 的主要特征是将含有项目全部构件特征的完整模型存储在单一文件里,任何有关于单一模型构件的改动都将自动按一定规则改变与该构件有关的数据和图像。BIM 建模过程允许使用者创建并自动更新项目所有相关文件,与项目相关的所有信息都作为参数附加给相关的项目元件。

Taylor 和 Bernstein 认为 BIM 是一种与建筑产业相关联的应用参数化、过程化定义的全新 3D 仿真技术。而早在十多年前,BIM 就曾经被 Tse 定义为可以使 3D 模型上的实体信息实现在项目全生命周期任意存取的工程技术环境。Manning 和 Messner 认为 BIM 是一种对建筑物理特征及其相关信息进行的数字化、可视化表达。Chau 等人认为 BIM 可以通过提供对项目未来情况的可视化、细节化模拟来帮助项目建设者做建设决定,BIM 是一种帮助建设者有效管理和执行项目建设计划的工具。波兰的 Kacprzyk 和 Kepa 认为,建筑信息模型是一种允许工程师在建筑的全生命周期内构筑并修改的建筑模型。这意味着从开发商产生关于某一特定建筑的概念性设想开始,直到该建筑使用期结束被拆除,工程师都可以通过 BIM 技术不断对该建筑的模型进行调试与修正。通过传统图纸与现代三维模型间的信息交换,同时将大量额外建筑信息附加给三维模型,上述设想得以最终实现。

2016 年,我国国家标准《建筑信息模型应用统一标准》(GB/T 51212-2016)颁布,对 BIM 的定义是:建筑信息模型在建设工程及设施全生命周期内,对其物理和功能特性进行数字化表达,并依此设计、施工、运营的过程和结果的总称,简称模型。

现阶段,世界各国对 BIM 的定义仍在不断地丰富和发展,BIM 的应用阶段已经扩展到了项目整个生命周期的运营管理。此外,BIM 的应用也不仅仅局限于建筑领域,在基础设施领域也可发挥巨大的作用已是不争的事实。

上述列举出世界各地给出的不同 BIM 定义,其实 BIM 的出现和发展离不开我们熟悉的 CAD 技术,BIM 是 CAD 技术的一部分,是二维到三维形式发展的必然过程。下面给出目前普遍认可的、较全面的、完善的关于 BIM 的定义,具体如下:

BIM(Building Information Modeling)是以三维数字技术为基础,集成了各种相关信息的工程数据模型,可以为设计、施工和运营提供相协调且内部保持一致的项目全生命周期信息化过程管理;麦格劳希尔建筑信息公司对建筑信息模型的进一步说明为:创建并利用数字模型对项目进行设计、建造及运营管理的过程,即利用计算机三维软件工具,创建建筑工程项目的完整数字模型,并在该模型中包含详细工程信息,能够将这些模型和信息应用于建筑工程的设计过程、施工管理、物业和运营管理等全建筑生命周期管理(Building Lifecycle Management,BLM)过程中。

## 1.2.2 BIM 相关术语

按照 BIM 在建筑全生命周期中应用阶段的不同,BIM 被区分为如下五种类型:

(1)BIM3D。这是 BIM 最基本的形式。它仅用于制作与构件材料相关联的建筑信息文件。BIM3D 不同于 CAD3D,在 BIM 中建筑必须被分解为有特定实体的功能构件。

(2)BIM4D。作为对基础 BIM3D 的补充,加入其中的第四个维度是时间维度。模型中的每一个构件都含有与自身被建造及被拆除的日期有关的信息。

(3)BIM5D。每一个施工任务的成本信息组成了 BIM 模型的第五个维度。

(4)BIM6D。有关建筑的质量分析构成了 BIM 模型的第六个维度。

(5)BIM7D。最后一个维度是关于建筑维修使用情况的模型,截至目前还没有软件可以实现这一功能。

## 1.2.3 BIM 发展的"三阶段"

在计算机和 CAD 技术普及之前,工程设计行业在设计时均采用图板、丁字尺的方式手工完成各专业图纸的绘图工作,这项工作被形象地称为"趴图板"。如图 1-5 所示为手工绘图时代的"趴图板"工作场景。手工绘图时代绘图工作量大、图纸修改和变更困难、图纸可重复利用率低。随着个人计算机的普及以及 CAD 软件的普及,手工绘图的工作方式已逐渐被 CAD 绘图方式所取代。

图 1-5  手工绘图时代的"趴图板"工作场景

"甩图板"是我国工程建设行业 20 世纪 90 年代重要的一次信息化过程。通过"甩图板"实现了工程建设行业由绘图板、丁字尺、针管笔等手工绘图方式提升为现代化的、高精度的 CAD 制图方式。以 AutoCAD 为代表的 CAD 类工具的普及应用,以及以 PKPM、ANSYS 和 ABAQUS 等为代表的 CAE(Computer Added Engineering,计算机辅助分析)工具的普及,极大地提高了工程行业制图、修改和管理效率,提升了工程建设行业的发展水平。

图 1-6 为在 AutoCAD 软件中完成的建筑设计的一部分。

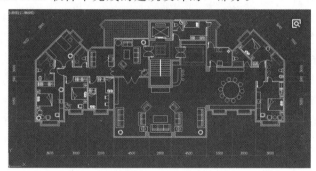

图 1-6  AutoCAD 软件制图

现代工程建设项目的规模、形态和功能越来越复杂。高度复杂化的工程建设项目,再次向以 AutoCAD 为主体的以工程图纸为核心的设计和工程管理模式提出了挑战。随着计算机软件和硬件水平的发展,以工程数字模型为核心的全新的设计和管理模式,逐步走入人们的视野,于是以 BIM 为核心的软件和方法开始逐渐走进工程领域。

1975 年,佐治亚理工大学教授 Chuck Eastman 在 AIA(美国建筑师协会)发表的论文中提出了一种名为 Building Description System(BDS,建筑描述系统)的工作模式,该模式中包含了参数化设计、由三维模型生成二维图纸、可视化交互式数据分析、施工组织计划与材料计划等功能。各国学者围绕 BDS 概念进行研究,后来在美国将该系统称为 Building Product Models(BPM,建筑产品模型),并在欧洲被称为 Product Information Models(PIM,产品信息模型)。经过多年的研究与发展,学术界整合 BPM 与 PIM 的研究成果,提出 Building Information Model(建筑信息模型)的概念。1986 年由现属于 Autodesk(欧特克)研究院的 Robert Aish 最终将其定义为 Building Modeling(建筑模型),并沿用至今。

2002 年,时任 Autodesk 公司副总裁的菲利普(伯恩斯坦,Philip G. Bernstein)首次将

BIM 概念商业化,并随 Autodesk Revit 产品一并推广。图 1-7 为在 Autodesk Revit 软件中进行建筑设计的场景。可见与 CAD 技术相比,基于 BIM 技术的软件已将设计提升至所见即所得的模式。

图 1-7　Autodesk Revit 软件进行建筑设计

利用 Autodesk Revit 软件进行设计,可由三维建筑模型自动产生所需要的平面图纸、立面图纸等所有设计信息,且所有的信息均通过 Autodesk Revit 自动进行关联,大大增强了设计修改和变更的效果。因此人们认为 BIM 技术是继建筑 CAD 之后下一代的建筑设计技术,在 CAD 时代,设计师需要分别绘制出不同的视图,当其中一个元素改变时,其他与之相关的元素都要逐个修改。比如当我们需要改变其中一扇门的类型时,CAD 需要逐个修改平面、立面、剖面等相关图纸。而 BIM 中的不同视图是从同一个模型中得到的,改变其中一扇门的类型时只需要在 BIM 模型中修改相应的构件就行了,BIM 实现的就是高度统一与自动化每个单项的调整,不再需要设计师逐个修改,只需修改唯一的模型。用图形来表示 CAD 与 BIM 的关系,如图 1-8 所示,CAD 做 CAD 的事情,BIM 做 BIM 的事情,中间过渡部分就是 BIM 建立在 CAD 平台上的专业软件应用。图 1-9 表示理想的 BIM 环境,这个时候 CAD 能做的事情应该是 BIM 能做的事情的一个子集。

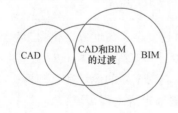

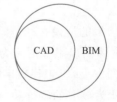

图 1-8　CAD 与 BIM 的关系　　　　　图 1-9　理想的 BIM 环境

## 1.2.4　BIM 国内外应用现状

**1. BIM 技术在国外的应用**

BIM 是从美国发展起来的,2002 年美国建筑师协会建筑师杰里·莱瑟林(Jerry Laiserin)在《比较苹果与橙子》一文中首次提出"Building Information Modeling"这一术语,并逐渐得到业界人士广泛认可。随着全球化进程的加快,BIM 发展和应用在欧洲、日本、新加坡等发达国家已经逐渐普及。

其实早在 20 世纪 70 年代,类似的技术研究就没有中断过。1975 年,Chuck Eastman 教授提出 Building Description System 概念;1982 年 Oreaphisoft 公司提出 VBM(Virtual Building Model,虚拟建筑模型)理念;1984 年推出 ArchiCAD 软件;1986 年 RobertAish 提出了"Building Modeling"的概念。

美国总务署在 2003 年便推出了 3D-4D-BIM 计划,并且对采用该技术的项目给予相应的资金和技术支持。

英国 BIM 技术起步较美国稍晚,但英国政府已经要求强制使用 BIM。2009 年 11 月英国建筑业 BIM 标准委员会 AEC(UK)BIM 发布了英国建筑业 BIM 标准,为 BIM 链上的所有成员实现协同工作提供了可能。

日本是亚洲较早接触 BIM 的国家之一,由于日本软件业较为发达,而 BIM 是需要多个软件来互相配合的,这为 BIM 在日本的发展提供了平台。从 2009 年开始,日本大量的设计单位和施工企业开始应用 BIM;2012 年 7 月日本建筑学会发布了日本 BIM 指南,为日本的设计院和施工企业应用 BIM 提供指导。

另外,美国、英国等国家为了方便实现信息的交换与共享,还专门制定了 BIM 数据标准,其中的 IFC 标准已经得到了美国、日本等国家的认可并广泛使用。在新加坡,为了扩大 BIM 的认知范围,国家对在大学开设 BIM 课程给予大力支持,并为毕业生组织相应的 BIM 培训。

新加坡也属于早期应用 BIM 的国家之一。新加坡建设局(Building and Construction Authority,BCA)在 2011 年颁布了 2011~2015 年发展 BIM 的线路图,其中指出到 2015 年,整个建筑行业广泛使用 BIM 技术。2012 年 BCA 又颁布了《新加坡 BIM 指南》,作为政府文件对 BIM 的应用进行规范和引导。政府部门带头在建设项目中应用 BIM。BCA 的目标是,要求从 2013 年起工程项目提交建筑的 BIM 模型,从 2014 年起要提交结构与机电的 BIM 模型,到 2015 年实现所有建筑面积大于 5000 $m^2$ 的项目都要提交 BIM 模型。

韩国的政府机构积极推广 BIM 技术的应用,韩国在 2009 年发布了国家短期、中期和长期的 BIM 实施路线图,在短期的 2010~2012 年间对 500 亿韩元以上及公开招标的项目通过应用 BIM 来提高设计质量;中期的 2013~2015 年间对 500 亿韩元以上的公共工程均要构建 4D 设计预算管理系统,以提高项目的成本控制能力;长期的是针对 2016 年以后,目标是针对所有的公共项目的设施管理全部采用 BIM,以实现行业的全面革新。

国外一些学者在 BIM 的学术研究方面也取得了不少成果。David Bryde、Marti Broquetas、Jurgen Mare Volm 三位学者调查总结了 BIM 技术在建设工程领域的应用优势,文章通过对 35 个应用了 BIM 的建设项目的数据进行研究,发现了 BIM 技术在建设项目全生命周期中的成本节约和控制是被提及最多的益处,其他的益处还包括工期的缩短等。

Byicin Becerik-Gerber、Farrokh Jazizadeh、Nan Li 和 Guilben Calis 对 BIM 技术在设备管理领域的应用进行了探索,文章通过采访的方式研究了 BIM 在设备管理中的应用现状、潜在的应用以及能带来的利益,旨在研究 BIM 技术在建筑全生命周期中应用所带来的产业价值,而不是仅仅集中在设计和建设阶段的应用。文章发现在设备管理阶段应用 BIM 技术对业主和设备管理组织均具有较大的价值,并且已经有一部分设备管理组织开始尝试在其项目中应用 BIM 或者计划在其未来的项目中应用 BIM。

Ibrahim Motawa 和 Abdulkreem Almarshad 在文章中建立了 BIM 系统用于建筑的日

常维护,文章旨在通过建立一个集成的信息系统为建筑运营维护过程中所出现的各项问题提供参考信息和解决方案,该系统包括 BIM 和 Case-Based Reasoning 两个模块,帮助维护管理团队提供以往项目的解决经验和当前问题可能的影响因素。Yacine Rezgu、Thumas Beach 和 O-mer Rana 三位学者研究了 BIM 在全生命周期中的管理和信息交付。AlanRedmond 等人以现有的 IFD 标准为切入点,研究了怎样通过云端 BIM 技术来增强信息的传递效率。

到目前为止,国外 BIM 技术发展较快较好的国家,已经存在很多 BIM 的试点项目,而且会有越来越多的建设项目使用该技术,BIM 也必将会发展得越来越完善。

**2. BIM 技术在我国的应用状况**

香港和台湾最早接触了 BIM 技术,但在大陆 BIM 应用目前还处于起步阶段。自 2006 年起,香港房屋署率先试用建筑信息模型,并且为了推行 BIM,于 2009 年自行订立 BIM 标准和用户指南等。同年,还成立了香港 BIM 学会。

2007 年台湾大学也开始加入了研究建筑信息模型(BIM)的行列。还与 Autodesk 签订了产学合作协议;2008 年起,"BIM"这个词引起了台湾建筑营建业高度关注。

在台湾,一些实力雄厚的大型企业已经在企业内部推广使用 BIM,并有大量的成功案例,台湾几所知名大学,如台湾大学和台湾国立交通大学等也对 BIM 进行了广泛、深入的研究,推动了台湾对于 BIM 的认知和应用。

国内 BIM 技术的推广和应用起步较晚,2012 年以前,仅有部分规模较大的设计或者咨询公司有应用 BIM 的项目经验,比如 CCDI、上海现代设计集团、中国建筑设计研究院等,上海中心(图 1-10)、水立方、鸟巢和上海世博馆等国家级重大工程成为应用 BIM 技术的经典之作。经过 10 余年的调查和积累,2015 年后,BIM 技术如雨后春笋般遍布在国内各个工程项目上,被人们熟知的北京中国尊(图 1-11)、港珠澳大桥(图 1-12)、天津 117 大厦、广州东塔、首都新机场等工程均应用了 BIM 技术。除了体积巨大、结构复杂的标志性工程广泛应用 BIM 技术外,越来越多的房屋建筑和基础设施工程都在普遍应用 BIM 技术,BIM 技术从项目的稀缺品变为必需品。

图 1-10 上海中心　　　　　　　　图 1-11 中国尊

在我国,BIM 技术在建筑业的高效性也引起国家相关部门的高度重视。

2011 年 5 月,住房城乡建设部发布《2011～2015 建筑业信息化发展纲要》明确指出:在施工阶段开展 BIM 技术的研究与应用,推进 BIM 技术从设计阶段向施工阶段的应用延伸,

图 1-12 港珠澳大桥

降低信息传递过程中的衰减;研究基于 BIM 技术的 4D 项目管理信息系统在大型复杂工程施工过程中的应用,实现对建筑工程有效的可视化管理等。

2012 年 1 月,住房和城乡建设部下发《关于工程建设标准规范制订修订计划的通知》宣告了中国 BIM 标准制定工作的正式启动。

2015 年 6 月,住房城乡建设部下发的《关于推进建筑信息模型应用指导意见》,明确指出:到 2020 年末,以下建筑行业甲级勘察、设计单位以及特级、一级房屋建筑工程施工企业应掌握并实现 BIM 与企业管理系统和其他信息技术的一体化集成应用。到 2020 年末,新立项项目勘察设计、施工、运营维护中,集成应用 BIM 的项目比率达到 90%;以国有资金投资为主的大中型建筑;申报绿色建筑的公共建筑和绿色生态示范小区。

2016 年 8 月,住房城乡建设部发布《2016～2020 建筑业信息化发展纲要》再一次明确指出:勘察设计类企业加快 BIM 普及应用,实现勘察设计技术升级。普及应用 BIM 设计方案的性能和功能模拟分析、优化、绘图、审查,以及成果交付和可视化沟通,提高设计质量。推广基于 BIM 的协同设计,开展多专业间的数据共享和协同,优化设计流程,提高设计质量和效率。研究开发基于 BIM 的集成设计系统及协同工作系统,实现建筑、结构、水暖电等专业的信息集成与共享。施工类企业应研究 BIM 应用条件下的施工管理模式和协同工作机制,建立基于 BIM 的项目管理信息系统。

2017 年 4 月,住房城乡建设部发布《建筑业发展"十三五"规划》中明确指出:加快推进建筑信息模型(BIM)技术在规划、工程勘察设计、施工和运营维护全过程的集成应用,支持基于具有自主知识产权三维图形平台的国产 BIM 软件的研发和推广使用。

近几年来,随着国外建筑市场的冲击以及国家政策的推动,国内产业界的许多大型企业为了提高国际竞争力,都在积极探索使用 BIM,某些建设项目招标时将对 BIM 的要求写入招标合同,BIM 逐渐成为企业参与项目的一道门槛。目前,一些大中型设计企业已经组建了自己的 BIM 团队,并不断积累实践经验。施工企业虽然起步较晚,但也一直在摸索中前进,并取得了一定的成果。

BIM 技术将在我国建筑业信息化道路上发挥举足轻重的作用,通过 BIM 应用改变我国造价管理失控的现状,增强企业与同行业之间的竞争力,实现我国建筑行业乃至经济的可持续发展势在必行。BIM 技术不仅带来现有技术的进步和更新换代,实现建筑业跨越式发展,它也间接影响了生产组织模式和管理方式,并将更长远地影响人们的思维方式。

# 1.3 BIM 的应用价值

随着 BIM 相关机构的不断发展和完善,BIM 技术在建设项目中得到了广泛的应用。如今,BIM 已经涵盖了项目的全生命周期,一些设计、施工单位在探索应用 BIM 技术时也体会到了很多好处,下面概要性列举几点 BIM 的应用价值。

## 1.3.1 可行性研究与规划

BIM 对于可行性研究阶段建设项目在技术和经济上的可行性论证提供了帮助,提高了论证结果的准确性和可靠性。在可行性研究阶段,业主需要确定出建设项目方案在满足类型、质量、功能等要求下是否具有技术和经济可行性。但是,如果想得到可靠性高的论证结果,需要花费大量的时间、金钱与精力。BIM 可以为业主提供概要模型对建设项目方案进行分析和模拟,从而为整个项目的建设降低成本、缩短工期并提高质量。

城市规划从大范围层次来讲是对一定时期内整个城市或城市某个区域的经济和社会发展、土地利用、空间布局的计划和管理,从小的层次来讲是对建设过程中某个具体项目的综合部署、具体安排和实施管理。城市规划领域目前是以 CAD 和 GIS 作为主要支撑平台,城市规划的三维仿真系统是目前城市规划领域应用最多的管理平台。未来城市规划的主要发展方向是规划管理数据多平台共享、办公系统三维或多维化、内部 OA 系统与办公系统集成等。但是目前传统的三维仿真系统并没有做到模型信息的集成化,三维模型的信息往往是通过外接数据库实现更新、查找、统计等功能,并且没有实现模型信息的多维度应用。

BIM 对促进未来更智能化的"数字化城市"发展具有极大的价值,将 BIM 引入城市规划三维平台中,将可以完全实现目前三维仿真系统无法实现的多维度的应用,特别是城市规划方案的性能分析。这可以解决传统城市规划编制和管理方法无法量化的问题,诸如舒适度、空气流动性、噪声云图等指标,这对于城市规划无疑是一件很有意义的事情。BIM 的性能分析通过与传统规划方案的设计、评审结合起来,将会对城市规划多指标量化、编制科学化和城市规划可持续发展产生积极的影响。另外,将 BIM 引入城市规划的地上、地下一体化三维管理系统中也是研究城市三维空间可视化的关键技术,为城市规划地上空间和地下空间的关系以及地理信息管理与社会化服务系统的建立提供原型,为城市规划、建设和管理提供三维可视化平台。此系统可服务于城市建设、城市地质工作,对促进"数字化城市"的进步、提高城市规划管理层次、推动城市地质科学的发展也具有重要的战略意义。

建设项目规划阶段的主要内容包括:(1)根据所在地区发展的长远规划,提出项目建议书,选定建设地点;(2)在试验、调查研究和技术经济论证的基础上编制可行性研究报告;(3)根据咨询评估情况,对建设项目进行决策。项目规划的重要内容是对可行性研究报告的评估和编制,往往要进行多学科的论证,涉及许多专业学科,所以较大项目的可行性研究组,需要配有工业经济、技术经济、工艺、土建、财会、系统工程以及程序设计等方面的专家。将 BIM 引入项目的规划阶段,形成统一的规划阶段的项目初始数据模型,可以为下一环节的项目设计提供基础数据。同时,利用 BIM 的各种专业分析软件,分析和统计规划项目的各项性能指标,实现规划从定性到定量的转变,充分利用 BIM 的参数化设计优势,结合现有的GIS 技术、CAD 技术和可视化技术,科学辅助项目的策划、研究、设计、审批和规划管理。

### 1.3.2 协同设计

对于传统 CAD 时代存在于建设项目设计阶段的 2D 图纸冗繁、错误率高、变更频繁、协作沟通困难等缺点,BIM 所带来的优势明显,具体优势有:

(1)保证概念设计阶段决策正确

在概念设计阶段,设计人员需要对拟建项目的选址、方位、外形、结构形式、耗能与可持续发展问题、施工与运营概算等问题做出决策,BIM 技术可以对各种不同的方案进行模拟与分析,且为集合更多的参与方投入该阶段提供了平台,使做出的分析决策早期得到反馈,保证了决策的正确性与可操作性。

(2)更加快捷与准确地绘制 3D 模型

不同于 CAD 技术下 3D 模型需要由多个 2D 平面图共同创建,BIM 软件可以直接在 3D平台上绘制 3D 模型,并且所需的任何平面视图都可以由该 3D 模型生成,准确性更高且直观快捷,为业主、施工方、预制方、设备供应方等项目参与人的沟通协调提供了平台。

(3)多个系统的设计协作进行、提高设计质量

对于传统建设项目设计模式,各专业包括建筑、结构、暖通、机械、电气、通信、消防等设计之间的矛盾冲突极易出现且难以解决,而 BIM 整体参数模型可以对建设项目的各系统进行空间协调、消除碰撞冲突,大大缩短了设计时间且减少了设计错误与漏洞。同时,结合运用与 BIM 建模工具有相关性的分析软件,可以就拟建项目的结构合理性、空气流通性、光照温度控制、隔音隔热、供水、废水处理等多个方面进行分析,并基于分析结果不断完善 BIM模型。

(4)对于设计变更可以灵活应对

BIM 整体参数模型自动更新的法则可以让项目参与方灵活应对设计变更,减少例如施工人员与设计人员所持图纸不一致的情况。对于施工平面图的任一个细节变动,比如 Revit软件将自动在立面图、截面图、3D 界面、图纸信息列表、工期、预算等所有相关联的地方做出更新修改。

(5)提高可施工性

设计图纸的实际可施工性是建设项目经常遇到的问题。由于专业化程度的提高及绝大多数建设工程所采用的设计与施工分别承发包模式的局限性,设计与施工人员之间的交流甚少,加之很多设计人员缺乏施工经验,极易导致施工人员难以甚至无法按照设计图纸进行施工。BIM 可以通过提供 3D 平台加强设计与施工人员的交流,让有经验的施工管理人员参与到设计阶段,早期植入可施工性理念,更深入地推广新的工程项目管理模式,如集成化项目交付 IPD(Integrated Project Delivery)模式,以解决可施工性的问题。

(6)为精确化预算提供便利

在设计的任何阶段,BIM 技术都可以按照定额计价模式根据当前 BIM 模型的工程量给出工程的总概算。随着初步设计的深化,项目各个方面如建设规模、结构性质、设备类型等均会发生变动与修改,BIM 模型平台导出的工程概算可以在签订招投标合同之前给项目各

参与方提供决策参考,也为最终的设计概算提供了基础。

(7)有利于低能耗与可持续发展

在设计初期,利用与 BIM 模型具有互用性的能耗分析软件就可以为设计注入低能耗与可持续发展的理念,这是传统的 2D 技术所不能实现的。传统的 2D 技术只能在设计完成之后利用独立的能耗分析工具介入,这就大大减少了修改设计以满足低能耗需求的可能性。除此之外,各类与 BIM 模型具有互用性的其他软件都在提高建设项目整体质量上发挥了重要作用。

### 1.3.3　施　工

对于传统 CAD 时代存在于建设项目施工阶段的 2D 图纸可施工性低、施工质量不能保证、工期进度拖延、工作效率低等缺点,BIM 所带来的优势有:

(1)施工前改正设计错误与漏洞

在传统 CAD 时代,各系统间的冲突碰撞很难在 2D 图纸上识别,往往直到施工进行了一定阶段才被发觉,然后不得已返工或重新设计。可 BIM 模型将各系统的设计整合在了一起,系统间的冲突一目了然,所以可以在施工前改正,这样加快了施工进度、减少了浪费、甚至很大程度上减少了各专业人员间起纠纷不和谐的情况。

(2)4D 施工模拟、优化施工方案

BIM 技术将与 BIM 模型具有互用性的 4D 软件、项目施工进度计划与 BIM 模型连接起来,以动态的三维模式模拟整个施工过程与施工现场,能及时发现潜在问题和优化施工方案(包括场地、人员、设备、空间冲突、安全问题等)。同时,4D 施工模拟还包含了如起重机、脚手架、大型设备等的进出场时间,为节约成本、优化整体进度安排提供了帮助。

(3)BIM 模型是预制加工工业化的基石

细节化的构件模型可以由 BIM 设计模型生成,用来指导预制生产与施工。由于构件是以 3D 的形式被创建的,这就便于数控机械化自动生产。当前,这种自动化的生产模式已经成功地运用在钢结构加工与制造、金属板制造等方面,从而可以生产预制构件、玻璃制品等。这种模式方便供应商根据设计模型对所需构件进行细节化的设计与制造,准确性高且缩减了造价与工期;同时,消除了利用 2D 图纸施工时由于周围构件与环境的不确定性导致构件无法安装甚至重新制造的尴尬境地。

(4)使精益化施工成为可能

由于 BIM 参数模型提供的信息中包含了每一项工作所需的资源,包括人员、材料、设备等,所以其为总承包商与各分包商之间的协作提供了基石,最大化地保证资源准时管理、削减不必要的库存管理工作、减少无用的等待时间、提高生产效率。

### 1.3.4　运维管理

BIM 参数模型可以为业主提供建设项目中所有系统的信息,在施工阶段做出的修改将全部同步更新到 BIM 参数模型中形成最终的 BIM 竣工模型,该竣工模型作为各种设备管理的数据库为系统的运营维护提供依据。此外,BIM 可同步提供有关建筑使用情况或性能、入住人员与容量、建筑已用时间以及建筑财务方面的信息。同时,BIM 可提供数字更新记录,并改善搬迁规划与管理。BIM 还促进了标准建筑模型对商业场地条件(例如零售业场地,这些场地需要在许多不同地点建造相似的建筑)的适应。有关建筑的物理信息(例如完工情况、承租人或部门分配、家具和设备库存)和关于可出租面积、租赁收入或部门成本分配的重要财务数据都更加易于管理和使用。稳定访问这些类型的信息可以提高建筑运营过程中的收益与成本管理水平。

目前,工程设计中创建的数字化模型数据库的核心部分主要是实体和构件的基本数据,很少涉及技术、经济、管理及其他方面。随着信息化技术在建筑行业的深入和发展,将会有越来越多的软件,如概预算软件、进度计划软件、采购软件、工程管理软件等利用信息模型中的基础数据,在各自的工作环节中产生相应的工程数据,并将这些数据整合到最初的模型中,对工程信息模型进行补充和完善。在项目实施的整个过程中,自始至终只有唯一的工程信息模型,且包含完整的工程数据信息。通过这个唯一的工程信息模型,可以提高运维阶段工程的使用性能和继续积累抵御各种自然灾害的数据信息,实现真正的工程生命周期内的管理和成本控制。另外,在建筑智能物业管理方面,综合运用信息技术、网络技术和自动化技术,建立基于 BIM 标准的建筑物业管理信息模型,可以实现物业管理阶段与设计阶段、施工阶段的信息交换与共享。通过建立的楼宇自动化系统集成平台,可对建筑设备进行监控和集成管理,实现具有集成性、交互性和动态性的智能化物业管理。

# 1.4 BIM 的特征和意义

## 1.4.1 BIM 的特征

从狭义的 BIM 理解来看,是类似于 Revit 的对于 CAD 系统应用的替代。从广义的 BIM 理解角度出发,BIM 是建筑全生命周期的管理方法,具有数据集成、建筑信息管理的作用。无论从哪个角度来理解,BIM 具有可视化、协调性、模拟性、优化性和出图性五大特点,如图 1-13 所示。

图 1-13　BIM 的特点

进一步理解 BIM 的五大特点,可以从下面几个特征来阐明:

(1)模型操作的可视化

三维模型是 BIM 技术的基础,因此可视化是 BIM 显而易见的特征。在 BIM 软件中,所有的操作都是在三维可视化的环境下完成的,所有的建筑图纸、表格也都是基于 BIM 模型生成的。BIM 的可视化区别于传统建筑效果图,传统的建筑效果图一般仅针对建筑的外观或入户大堂等局部进行部分专业的模型表达,而在 BIM 模型中将提供包括建筑、结构、暖通、给排水等在内的完整的真实的数字模型,使建筑的表达更加真实,建筑可视化更加完善。

BIM 技术可视化操作以及可视化表达方式,将原本 2D 的图纸用 3D 可视化的方式展示出设施建设过程及各种互动关系,有利于提高沟通效率,降低成本和提高工程质量。

(2)模型信息的完备性

除了对工程对象进行 3D 几何信息和拓扑关系的描述,还包括完整的工程信息描述,如对象名称、结构类型、建筑材料、工程性能等设计信息;施工工序、进度、成本、质量以及人力、机械、材料资源等施工信息;工程安全性能、材料耐久性能等维护信息;对象之间的工程逻辑关系等。

信息的完备性还体现在 Building Information Modeling 这一创建建筑信息模型的过程,在这个过程中,设施的前期策划、设计、施工、运营维护各个阶段都被连接起来,把各个阶段产生的信息都存储在 BIM 模型中,使得 BIM 模型的信息不是单一的工程数据源,而是包含设施的所有信息。

信息完备的 BIM 模型可以为优化分析、模拟仿真、决策管理提供有力的基础支撑,例如,体量分析、空间分析、采光分析、能耗分析、成本分析、碰撞检查、虚拟施工、紧急疏散模拟、进度计划安排、成本管理等。

(3)模型信息的关联性

信息模型中的对象是可识别且相互关联的,系统能够对模型的信息进行统计和分析,并生成相应的图形和文档。如果模型中的某个对象发生变化,与之关联的所有对象都会随之更新,以保持模型的完整性。

利用 BIM 技术可查看该项目的三维视图、平面图纸、统计表格和剖面图纸,并把所有这些内容都自动关联在一起。存储在同一个项目文件中。在任何视图(平面、立面、剖面)上对模型的任何修改,都是对数据库的修改,会同时在其他相关联的视图或图表上进行更新,显示出来。

这种关联还体现在构件之间可以实现关联显示,例如门窗都是开在墙上的,如果把墙进行平移,墙上的窗也会跟着平移;如果将墙删除,墙上的门窗也会同时被删除,而不会出现门窗悬空的现象。这种关联显示、智能互动表明了 BIM 技术能够支撑对模型信息进行分析、计算,并生成相关的图形及文档。信息的关联性使 BIM 模型中各个构件及视图具有良好的协调性。

(4)模型信息的一致性

在建筑生命周期的不同阶段模型信息是一致的,同一信息无须重复输入,而且信息模型能够自动演化,模型对象在不同阶段可以简单地进行修改和扩展,而无须重新创建,避免了信息不一致的错误。

同时 BIM 支持 IFC 标准数据,可以实现 BIM 技术平台各专业软件间的强大数据互通能力,可以轻松实现多专业三维协同设计。利用 BIM 设备管线功能,基于三维协同设计模式创建水电站房内部机电设计模型。在设计过程中,机电工程师直接导入,由土建工程师使用创建的厂房模型,实现三维协同设计,并最终由机电工程师利用软件的视图和图纸功能完成水电站设计所需要的机电施工图纸,从而确保了各专业信息的一致性。

模型信息一致性也为 BIM 技术提供了一个良好的信息共享环境,BIM 技术的应用打破了项目各参与方不同专业之间或不同品牌软件信息不一致的窘境,避免了各方信息交流过程的损耗或者部分信息的丢失,保证信息自始至终的一致性。

(5)模型信息的动态性

信息模型能够自动演化,动态描述生命周期各阶段的过程。BIM 将涉及工程项目的全生命周期管理的各个阶段,在工程项目全生命周期管理中,根据不同的需求可划分为 BIM 模型、创建 BIM 模型共享和 BIM 模型管理三个不同的应用层面。

模型信息的动态性也说明了 BIM 技术的管理过程,在整个过程中不同阶段的信息动态输入输出,逐步完善 BIM 模型创建、BIM 模型共享应用、BIM 模型管理应用的三大过程。

BIM 技术改变了传统建筑行业的生产模式,利用 BIM 模型在项目全生命周期中实现信息共享、可持续应用、动态应用等,为项目决策和管理提供可靠的信息基础,进而降低项目成本,提高项目质量和生产效率,为建筑行业信息化发展提供有力的技术支撑。

(6)模型信息的可扩展性

由于 BIM 模型需要贯穿设计、施工与运维的全生命周期,而不同的阶段不同角色的人会需要不同的模型深度与信息深度,需要在工程中不断更新模型并加入新的信息。因此,BIM 的模型和信息需要在不同的阶段具有一定深度并具有可扩展和调整的能力。通常,我们把不同阶段的模型和信息的深度称为"模型深度等级",通常用 100～500 代表不同阶段的深度要求,并可在工程的进行过程中不断细化加深。

## 1.4.2 BIM 的意义

工程项目从立项开始,历经规划设计、施工、竣工验收到交付使用,是一个漫长的过程。在这个过程中,不确定性的因素有很多。在项目建造初期,设计与施工等领域的从业人员面临的主要问题有两个:一是信息共享,二是协同工作。工程设计、施工与运行维护中信息交换不及时、不准确的问题会导致大量的人力和物力的浪费。2007 年美国的麦克格劳(希尔公司,McGraw Hill,2015 年已更名为 Dodge Data & Analytics)发布了一个关于工程行业信息互用问题的研究报告,据该报告的统计资料显示,数据互用性不足会使工程项目平均成本增加 3.1%。具体表现为:由于各专业软件厂商之间缺乏共同的数据标准,无法有效地进行工程信息共享,一些软件无法得到上游数据,使得信息脱节、重复工作量巨大。

BIM 的主要作用是使工程项目数据信息在规划、设计、施工和运营维护全过程中充分共享和无损传递,为各参与方的协同工作提供坚实的基础,并为建筑物从概念到拆除的全生命周期中各参与方的决策提供可靠依据,如图 1-14 所示为 BIM 的目标。

1. BIM 对一项工程的实施所带来的价值优势是巨大的。表现为以下几点:

(1)缩短项目工期

利用 BIM 技术,可以通过加强团队合作、改善传统的项目管理模式、实现场外预制、缩短订货至交货之间的空白时间等方式大大缩短项目工期。

(2)更加可靠与准确的项目预算

基于 BIM 模型的工料计算相比基于 2D 图纸的预算更加准确且节省了大量时间。

(3)提高生产效率、节约成本

由于利用 BIM 技术可大大加强各参与方的协作与信息交流的有效性,使决策的做出可

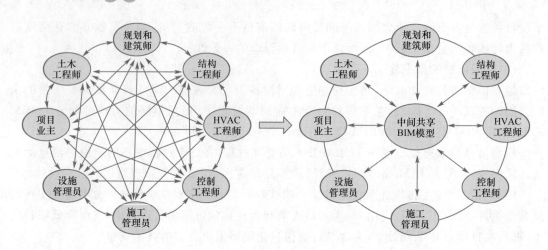

图 1-14　BIM 的目标

以在短时间内完成，减少了复工与返工的次数，且便于新型生产方式的兴起，例如场外预制、BIM 参数模型作为施工文件等，显著地提高了生产效率、节约了成本。

（4）高性能的项目结果

BIM 技术所输出的可视化效果可以为业主校核是否满足要求提供平台，且利用 BIM 技术可实现耗能与可持续发展设计与分析，为提高建筑物、构筑物等性能提供了技术手段。

（5）有助于项目的创新性与先进性

BIM 技术可以实现对传统项目管理模式的优化，比如在集成化项目交付 IPD 模式下各参与方早期参与设计、群策群力的模式有利于吸取先进技术与经验，实现项目的创新性与先进性。

（6）方便设备管理与维护

利用 BIM 竣工模型作为设备管理与维护的数据库。

2. BIM 在中国建筑业要顺利发展，必须将 BIM 和国内的行业特色相结合。同时，引入 BIM 也会给国内建筑业带来一次巨大的变革，积极推动行业的可持续发展，社会效益巨大，其主要作用有：

（1）有助于改变传统的设计生产方式

通过 BIM 信息交换和共享，改变基于 2D 的专业设计协作方式，改变依靠抽象的符号和文字表达的蓝图进行项目建设的管理方式。

（2）促进建筑业管理模式的改变

BIM 支持设计与施工一体化，有效减少工程项目建设过程中"错、缺、漏、碰"现象的发生，从而可以减少工程全生命周期内的浪费，带来巨大的经济和社会效益。

（3）实现可持续发展目标

BIM 支持对建筑安全、舒适、经济、美观，以及节能、节水、节地、节材、环境保护等多方面的分析和模拟，特别是通过信息共享可将设计模型信息传递给施工管理方，减少重复劳动，提高整个建筑业的信息共享水平。

（4）促进全行业竞争力的提升

一般工程项目都有数十个参与方，大型项目的参与方可以达到上百个甚至更多，提升竞争力的技术关键是提高各参与方之间的信息共享水平。因此，充分利用 BIM 信息交换和共享技术,可以提高工程设计效率和质量,减少资源消耗和浪费,从而能够达到同期制造业的生产力水平。

# 1.5 BIM 的应用软件

BIM 的出现标志着使用一个软件的时代快要过去了。CAD 之所以被称之为"甩图板",就是因为所有的工作都可以在一个软件里面完成,最后出的就是图纸。而 BIM 不同,它由核心建模软件(BIM Authoring Software)和其他基于此的建模软件组成,这些软件的关系如图 1-15 所示。

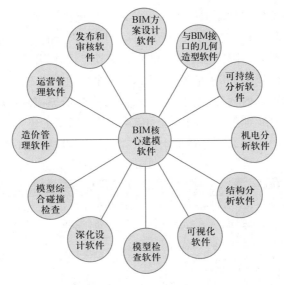

图 1-15    BIM 核心建模软件及用模软件

AutoDesk(欧特克)公司是全球范围内在设计软件方面十分杰出的公司,在建筑行业,最有代表性的软件 AutoCAD 就是出自该公司。在 BIM 高速发展的时代,Auto Revit 系列软件同样也受到全世界的关注。在我国 Revit 是接受度高也是使用量大的 BIM 建模软件,Auto Revit 是集建筑设计、结构设计、MEP(暖通、电气和给排水)于一身的 BIM 建模软件(在 2013 版本以后就将建筑、结构和 MEP 合并到 Revit)。

BIM 建模软件可以通过共同支持的导出文件在全球范围内通用,但是目前国外的造价软件拿到国内来使用是行不通的,在国内的软件公司如鲁班、斯维尔等就有本土优势了,它们都有自己的三维建模、算量造价软件,虽然号称三维算量,的确支持三维查看,但是这些软件都是基于 CAD 平台工作的。随着 BIM 技术的发展和深入研究,也为了与国际接轨,本土的软件公司也都开始接纳由 Revit 导出的文件、国际通用的 IFC 文件及其他常用的建模软件生成的文件格式。为了实现这个功能,鲁班的系列软件需要用户自行下载安装一个插件来转化格式,广联达的软件则是安装本身即可,它是支持 IFC 文件的。

目前,在国家政策的引导和推动下,国内的软件公司都十分注重研发具有自主知识产权的 BIM 软件和 BIM 人才的培养。住房和城乡建设部 2015 年发布的《关于推进建筑信息模型应用的指导意见》中提到:到 2020 年末,BIM 得到一定的普及,争取打开全行业使用 BIM

的局面。所以,只是软件公司研发软件是达不到这样的要求的,必须要施工企业、设计单位、勘察单位等都积极使用 BIM 软件到建设项目中,在实际应用中总结经验并给予反馈和建议,才能让 BIM 在国内愈发成熟和完善。

随着 BIM 技术的逐步推广,出现了越来越多种类的 BIM 软件,大部分的 BIM 软件是针对整个项目建设阶段的某一过程而开发。

国外一些比较知名的 BIM 软件有匈牙利 Graphisoft 公司开发的 ArchiCAD,主要用于设计阶段的建模以及能源分析;美国 Bentley 公司开发的系列软件,包括用于建筑设计阶段的 Bentley Architecture,结构分析的 Bentley RAM Structural System,项目管理、施工计划的 Bentley Construction 以及用于场地分析的 Bentley Map 等;美国 Autodesk 公司开发的施工管理软件 BIM360 Field、Navisworks 系列、Revit 系列;芬兰 Tekla 公司开发的 Tekla 软件,主要用于钢结构工程和预制混凝土工程的结构深化设计等。

国内目前也有众多公司研发出了 BIM 软件,应用较广泛的有中国建筑科学研究院研发的 PKPM-BIM 系列软件,可用于建筑、结构、设备及节能设计;用于统计工程量的广联达算量软件;鸿业科技开发的鸿业 BIM 系列,以 Revit 为平台进行建筑、结构及设备等方面的设计;北京理正开发的理正系列软件,用于设备设计、结构分析等;鲁班软件开发的鲁班算量系列,用于自动统计工程量斯维尔公司的斯维尔系列软件,涵盖了建筑、结构、节能设计以及工程量统计等功能,类似的还有天正公司推出的天正软件系列,见表 1-2。

表 1-2　　　　　　　　　　BIM 软件

| 公司 | 软件 | 功能 | 使用阶段 |
| --- | --- | --- | --- |
| Graphisoft | ArchiCAD | 建模、能源分析 | 设计阶段、施工阶段 |
| Bentley | Bentley Architecture | 设计建模 | 设计阶段 |
| | Bentley RAM Structural System | 结构分析 | 设计阶段 |
| | Bentley Construction | 项目管理、施工计划 | 施工阶段 |
| | Bentley Map | 场地分析 | 施工阶段 |
| Autodesk | BIM360 Field | 施工管理 | 施工阶段 |
| | Navisworks 系列 | 模型审阅、施工模拟 | 设计阶段、施工阶段 |
| | Revit 系列 | 建筑、结构、设备设计 | 设计阶段 |
| Tekla | Tekla | 结构深化设计 | 设计阶段 |
| 中国建筑科学研究院 | PKPM-BIM 系列 | 建筑、结构、设备及节能设计 | 设计阶段 |
| 鸿业科技 | 鸿业 BIM 系列 | 建筑、结构及设备设计 | 设计阶段 |
| 斯维尔科技有限公司 | 斯维尔系列软件 | 建筑、结构、节能设计以及工程量统计 | 设计阶段、施工阶段 |
| 北京理正软件股份有限公司 | 理正系列 | 设备设计、结构分析 | 设计阶段 |
| 鲁班软件 | 鲁班算量系列 | 自动统计工程量 | 设计阶段、施工阶段 |

## 1.5.1　建模软件

**1. Autodesk**

始建于 1982 年的 Autodesk 是世界领先的设计软件和数字内容创建公司,其产品广泛地用于建筑设计、土地资源开发、生产、公用设施、通信、媒体和娱乐。其中以 AutoCAD 为代表的数字设计软件在国内外工程设计、施工中占有较高的市场地位,尤其在国内行业中其市场占有率处于绝对领先地位。其 BIM 建模相关产品主要包括:

(1)Revit

Revit 是当前 BIM 在建筑设计行业的领导者。Autodesk Revit 借助 AutoCAD 的天然优势,在市场上有一定的发展,Revit 系列软件包括 Revit Architecture、Revit Structure、Revit MEP、Revit One Box 以及 Revit LT 等,分别为建筑、结构、设备(水、暖、电)等不同专业提供 BIM 解决方案。Revit 作为一个独立的软件平台,使用了不同于 CAD 的代码库及文件结构,在民用建筑市场有明显的优势。

Revit 作为 BIM 工具,易于学习和使用,并且用户界面友好;Revit 支持建立参数化对象,定义参数,从而可以对长度、角度等进行约束;Revit 具有强大的对象库,约 7 万多种产品的信息储存在 Autodesk 官网上,这些产品信息的文件格式多种多样,主要有:RVA、DWG、DWF、DGN、GSMKP 以及 TXT,便于项目各参与方多用户操作。

Revit 作为 BIM 平台,可以实现相关的应用程序之间的数据交换,主要是通过 Revit API 或者 IFC、DWF 等中间格式;Revit 还可以链接 AutoCAD、Civil 3D 软件进行场地分析,链接 Nomitech、Tocoman I Link 等软件用于成本预算,链接 Navisworks 用于碰撞检查和 4D 模拟等;Revit 支持的文件格式有很多,包括 DWG、DGN、DXF、DXF、DWF/DWFX、ADSK、gb XML、html、IFC 等。

综上所述可以看出,Revit 的优点有很多,主要有:

①易于上手,用户界面友好直观;

②作为一个设计软件,功能强大,出图方便,能满足用户在方案设计阶段对模型创建的各种要求;

③有大量的软件自带的以及第三方开发的对象库;

④支持大量的 BIM 软件,可以链接到多个其他的 BIM 工具;

⑤支持项目中的各个参与方协同工作等。

然而,Revit 仍然存在着一些缺陷,例如,当模型的大小超过 300 MB 时,Revit 的运行速度就会大大减慢,这是因为 Revit 采用的是基于内存的系统,模型文件的数据一般保存在内存中。

(2)AutoCAD Civil 3D

Civil 3D 是根据相关专业需要进行专门定制的土木工程道路与土石方解决的 BIM 建模软件,可以加快设计理念的实现过程。它的三维动态工程模型有助于快速完成道路工程、场地、雨水污水排放系统以及场地规划设计。所有曲面、横断面、纵断面、标注等均以动态方式链接,可更快、更轻松地评估多种设计方案,做出更明智的决策并生成最新的图纸。

**2. Bentley**

Bentley 软件公司是全球最大的 BIM 软件制造商和方案提供商之一,长期致力于为全球建筑师、工程师、施工人员及业主运营商提供促进基础设施可持续发展的综合软件解决方案,软件产品涵盖了土木建筑、交通等行业,已被广泛应用于国内外大型建设项目中。Bentley 软件公司 BIM 建模相关软件包括:

（1）Bentley Architecture

Bentley Architecture 具有面向对象的参数化创建工具，能实现智能的对象关联、参数化门窗洁具等，能够实现二维图样与三维模型的智能联动，主要用于建立各类三维构筑物的全信息模型，应用于建筑专业建模。

（2）Bentley Structural

Bentley Structural 适用于各类混凝土结构、钢结构等信息结构模型的创建。其构建的结构模型可以连接结构应力分析软件，进行结构安全性分析计算。从结构模型中可以提取可编辑的平、立面模板图，并能自动标注杆件截面信息，主要用于建立各类三维构筑物的模型，应用于结构专业建模。

（3）Bentley Building Mechanical Systems

Bentley Building Mechanical Systems 能够快速实现三维通风及给排水管道的布置设计，材料统计以及平、立、截面图自动生成等功能，实现二维、三维联动，主要用于创建通风空调管道及设备布置设计，应用于通风、空调和给排水专业建模。

（4）Bentley Building Electrical Systems

Bentley Building Electrical Systems 是基于三维设计技术和智能化的建模系统，可以快速完成平面图布置、系统图自动生成，能够生成各种工程报表，完成电气设计的相关工作。结合 BIM 完成协同设计和工程施工模拟进度，满足了建筑行业对三维设计日益提高的需求，可应用于建筑电气专业建模。

（5）MicroStation

MicroStation 是集二维制图、三维建模于一体的图形平台，具有照片级的渲染功能和专业级的动画制作功能，是所有 Bentley 三维专业设计软件的基础平台，可应用于所有专业建模。

综上所述，Bentley 的优点有：

①Bentley 的 B 样条曲线可以用于创建复杂曲面；

②建模工具几乎涵盖了工程建设的各个行业；

③Bentley 有多种模块，支持自定义参数化对象，也可以创建复杂的参数组件；

④Bentley 支持多平台功能，有良好的扩展性。

但是 Bentley 系统只集成了部分应用，用户界面不能完全一致，数据也不能完全统一，用户需要花费更多的时间去掌握，同时也降低了这些程序的应用价值，使不同功能的系统只能单独应用，而且 Bentley 对象库中的对象，相比 Revit 来说，其种类和数量都有限。

**3. Dassault Systemes**

Dassault Systemes(达索)公司总部位于法国巴黎，提供 3D 体验平台，应用涵盖 3D 建模、社交和协作、信息智能和仿真，产品品牌包括 SolidWorks、CATIA、SIMULIA、DELMIA、ENOVIA、3DEXCITE、3DVIA、NETBIVES、GEOVIA、BIOVIA、EXALEAD。其中 BIM 建模相关软件包括：

（1）Digital Project

以 Dassault Systemes CATIA 为核心的管理工具，能处理大量建筑工程相关数据，具备施工管理架构，可以处理大量的复杂几何图形；大规模的数据库管理能力，可以使建筑设计过程拥有良好的沟通性；智能化的参数群组，可以撷取各细部的局部设计，并自动生成图形优化报告；无限的扩展性，适用于都市设计、导航与冲突检查。此外还具有强大的 API 功能,供于用户开发附加功能,自行设定控管,可以便利与准确地和其他软件互相交流。

Digital Project 特色在于具有强大且完整的参数化对象能力,并且能够直接将大型且复杂的模型对象直接进行整合以控制与运作。

Digital Project 作为 BIM 工具,由于软件比较复杂,所以入门学习的难度大。Digital Project 支持全局的参数化定制,可以创建复杂的参数化组件,还具备极佳的曲面造型功能。

Digital Project 的优点在于:

①可创建复杂的大型项目,支持全局参数化定制;

②多个工具模块集成了丰富的工具集;

③拥有强大的三维参数化建模能力,可以进行深化设计。

Digital Project 的缺陷是界面复杂,学习起来比较困难,而且内嵌的建筑基本对象种类有限,出图能力相比 Revit 存在不足。

(2)CATIA

CATIA 是 Dassault 产品开发的旗舰解决方案。作为 PLM 协同解决方案的一个重要组成部分,它可以帮助制造厂商设计未来的产品,并支持从项目前阶段、具体的设计、分析、模拟、组装到维护在内的全部工业设计流程。其强大的曲面设计模块被广泛地用于异形建筑的 BIM 模型创建。

**4. Nemetschek Vectorworks**

Nemetschek Vectorworks 公司自 1985 年起便始终专注于软件开发,并于 2007 年收购 Graphisoft(图软)公司。其研发的 Vectorworks 软件产品系列为 AEC、娱乐以及景观设计领域的 45 万余名设计师提供了专业设计解决方案。Nemetschek Vectorworks 始终致力于开发使用灵活、多用途、直观且价位合理的计算机辅助设计(CAD)和建筑信息模型(BIM)解决方案。公司在三维设计技术领域始终保持全球领先地位。

Graphisoft(图软)公司成立于 1982 年,由匈牙利一些建筑师与数学家共同开发而成,慢慢扩展至现在的规模,现已有 20 多万的使用者,可以说是 BIM 的始祖之一。Graphisoft 公司一直致力于开发专门用于建筑设计的三维 CAD 软件,是三维建筑设计软件行业的领先者。其 BIM 建模相关软件包括:

(1)Graphisoft ArchiCAD

ArchiCAD 是由 GRAPHISOFT 公司开发的专门针对建筑专业的三维建筑设计软件。基于全三维的模型设计,拥有强大的剖立面、设计图档、参数计算等自动生成功能,以及便捷的方案演示和图形渲染,为建筑师提供了一个无与伦比的"所见即所得"的图形设计工具。ArchiCAD 内置的 PlotMaker 图档编辑软件使出图过程与图档管理的自动化水平大大提高,而智能化的工具也保证了每个细微的修改在整个图册中相关图档的自动更新,大大节省了传统设计软件大量的绘图与图纸编辑时间,使建筑师能够有更多的时间和精力专注于设计本身,创造出更多激动人心的设计精品。

ArchiCAD 主要有以下优点:

①易于学习、使用,用户界面良好;

②支持服务器功能,可以有效地促进参与方直接协同工作;

③有丰富的对象库,可应用于项目的各个阶段。

但是 ArchiCAD 不能用于细部构造,对于自定义的参数化建模功能仍然有局限性,同

Revit 一样 ArchiCAD 也是基于内存的系统,尽管可以使用 BIM Server 技术提高项目的管理效率,但是仍然存在许多问题。

（2）Vectorworks

Vectorworks 是欧美及日本等工业发达国家设计师的首选工具软件,以设计为本,提供二维及三维建模功能,其三维导览模组以即时预览的方式直接在工作视窗中呈现旋转式各种透视角度。Vectorworks 提供了许多精简且强大的建筑及产品工业设计所需的工具模组,在建筑设计、景观设计、舞台及灯光设计、机械设计及渲染等方面拥有专业化性能。利用它可以设计、显现及制作针对各种大小项目的详细计划。使用界面非常接近向量图绘图软件工具,但其可运用的范围更广泛,可以应用在 MAC 及 Windows 平台。

## 1.5.2 管理软件

### 1. Autodesk Navisworks

Autodesk Navisworks 能够将 AutoCAD 和 Revit 系列等应用创建的设计数据,与来自其他设计工具的几何图形和信息相结合,将其作为整体的三维项目,通过多种文件格式进行实时审阅,而无须考虑文件的大小。Navisworks 软件产品可以帮助所有相关方将项目作为一个整体来看待,从而优化设计决策、建筑实施、性能预测和规划,直至设施管理和运营等各个环节。其主要功能包括:

（1）实现实时的可视化,支持漫游并探索复杂的三维模型以及其中包含的所有项目信息;

（2）对三维项目模型中潜在冲突进行有效的辨别、检查与报告;

### 2. 广联达 BIM5D

广联达 BIM5D 是以 BIM 集成平台为核心,通过三维模型数据接口的方式集成土建、钢构、机电、幕墙等多个专业模型。并以 BIM 集成模型为载体,将施工过程中的进度、合同、成本、工艺、质量、安全、图纸、材料、劳动力等信息集成到同一平台。利用 BIM 模型形象直观、可计算分析的特性,为施工过程中的进度管理、现场协调、合同成本管理、材料管理等关键过程及时提供准确的构件几何位置、工程量、资源量、计划时间等,帮助管理人员进行有效决策和精细管理,减少施工变更、缩短项目工期、控制项目成本、提升质量。

### 3. iTWO

由德国 RIB 建筑软件有限公司开发的 iTWO 可以说是全球第一个数字与建筑模型系统整合的建筑管理软件。它将传统建筑规划和先进的 5D 规划理念融为一体,其构架别具一格,在软件中集成了算量模块、进度管理模块、造价管理模块等,这就是传说中的"超级软件",能将设计阶段的模型无损地转移到施工管理阶段,实现包括三维模型算量、三维模型计价、动态分包招标、评标、三维模型施工计划等在内的项目管理功能,兼容通用国际项目管理软件,包括 SAP 企业资源管理解决方案、欧特克 Revit Architecturer 软件以及 Primavera 软件等。

## 1.5.3 效率软件（插件）

### 1. IS BIM QS

IS BIM QS 是上海比程自主研发的一款 BIM 算量和 5D 软件,是根据算量造价行业思维,基于 BIM 主流设计软件 Revit 平台开发的。使用 IS BIM QS 数据不必转换和再生,而且不会有数据丢失,只要拥有工程项目的 Revit 模型,即可以直接应用于算量、设计造价比选、设计变更、资金计划分析、进度款分析、结算分析和量审核配合等多方面工程造价管理应用,过程十分简单及高效。

IS BIM QS 通过和计算规则结合的清单(造价)编码数据库,造价工程师只需要把编码"贴"到模型构件中,即可直接计算出工程量。此插件不仅简单易用,更结合造价专业的各种需求,支持一个模型多种算法,一个模型多种应用。IS BIM QS 的数据管理核心采用多种数据匹配方法,实现全自动、半自动和全手工的方式对模型构件添加清单编码,能对应模型的多样性,包括异型建筑,都能实现快速精准算量。

**2. 模术师**

IS BIM 模术师是 IS BIM 基于 Revit 的二次开发插件,该插件扩展和增强了 Revit 的建模、修改等功能,可用于建筑、结构、水电暖通、装饰装修等专业中,极大地提高了用户创建模型的效率,同时提高了建模的精度和标准化。模术师具有五大模块:

(1)通用功能模块:旨在提供对设计工程师有用、实用、好用的通用工具,解决运用 Revit 建模时遇到的功能限制;

(2)土建结构模块:注重模型构件的修改及圈梁、过梁、构造柱等构件的快速创建,通过该模块可以建立更加准确、符合标准的模型;

(3)装饰装修模块:提供了墙面贴砖、墙体砌块、楼板拆分、抹灰操作等功能,涵盖了地面、隔墙、吊顶各类装修方式,有效缩短人为建模时间;

(4)快速建模模块:提供了 DWG 图纸的快速翻模,能够快速、高效、精准地提取链接或导入的 DWG 图纸信息,并转换为 Revit BIM 模型;

(5)机电管线模块:注重解决管线创建过程中由于过多复杂、烦琐、重复性高的操作所带来的效率低下问题,帮助用户快速、方便、高效地建模,提高工程师的效率。

**3. 橄榄山快模**

橄榄山快模软件是 Revit 平台上的插件程序,扩展增强了 Revit 的功能,提高了用户创建模型的便捷性和效率,给 BIM 时代的设计师、建筑模型的建模工程师提供了快速建模的一系列工具,包含 50 多个贴近用户需求的工具,尤其是包含批处理工具集,能确保工程师在节省大量时间的同时创建高精度的模型。

**4. 新点比目云 5D**

新点比目云 5D 算量是集成在 Revit 平台上的 5D 算量软件,充分利用了先进的软件技术,对接国内各地工程量计算规则,打通设计、施工、预算、进度等多个环节。其共用一个模型,同时用于工程设计、施工管理、成本控制、进度控制等多个环节,有效避免了重复建模,实现了"一模多用",从而消除了多种软件之间模型转换和互导导致数据不一致的问题,节约了传统算量软件重复建模的时间,大幅提高了工作效率及工程量计算的精度。该软件还可为用户提供三维辅助设计,按照不同地区的清单、定额计算规则计算工程量,提供智能套价和智能管理,一键智能布置构造柱、过梁、垫层、土方等多种施工中的"二次结构",可应用于建筑工程的全生命周期。

### 1.5.4　可视化工具

**1. Fuzor**

Fuzor 是由美国 Kalloc Studios 打造的一款虚拟现实级的 BIM 软件平台,为建筑工程行业引入多人游戏引擎技术开了先河,拥有独家双向实时无缝链接专利。Fuzor 可作为 Revit 上的一个 VR 插件,但它的功能却远远不止用在 VR 那么简单,更具备同类软件无法比拟的体验功能。其不仅仅是提供实时的虚拟现实场景,还能让 BIM 模型数据在瞬间变成和游戏场景一样的亲和度极高的模型,最重要的是它保留了完整的 BIM 信息,并且所有参与者都可以通过网络连接到模型中,在这个虚拟场景中进行协同交流,让所有用户体验一把"在玩游戏中做 BIM",使工作变得轻松有趣。

**2. Lumion**

Lumion 是一款建筑师常用的可视化软件,可以快速把三维计算机辅助设计做成视频、图片和在线 360°演示,并通过添加环境、灯光、物体、树叶和引人注目的效果提高三维模型的展示效果。同时,直接在个人电脑上创建虚拟现实,通过渲染可以在短短几秒内就创造出惊人的建筑可视化效果。

**3. Twinmotion**

Twinmotion 是一款致力于建筑、城市规划和景观可视化的专业 3D 实时渲染软件。它非常方便灵活,能够完全集成到工作流程中。Twinmotion 作为一款解决方案,可适用到设计、可视化和建筑交流等领域。在 Twinmotion 中可以实时地控制风、雨、云等天气的效果,也可以同样快速地添加树木,覆盖植被,添加人物和车辆动态效果。

### 1.5.5　分析工具

**1. Autodesk Ecotect Analysis**

Autodesk Ecotect Analysis 软件是一款功能全面,适用于从概念设计到详细设计环节的可持续设计及分析工具,其中包含应用广泛的仿真和分析功能,能够提高现有建筑和新建筑设计的性能。该软件将在线能效、水耗及碳排放分析功能与桌面工具相集成,能够可视化及仿真真实环境中的建筑性能。用户可以利用强大的三维表现功能进行交互式分析,模拟日照、阴影、发射和采光等因素对环境的影响。

**2. STAAD**

Bentley STAAD Pro V8i 是结构工程专业人员的最佳选择,可通过灵活的建模环境、高级的功能和流畅的数据协同进行涵洞、石化工厂、隧道、桥梁、桥墩等几乎任何设施的钢结构、混凝土结构、木结构、铝结构和冷弯型钢结构设计。灵活的建模通过一流的图形环境来实现,并支持 7 种语言及 70 多种国际设计规范和 20 多种美国设计规范,包括一系列先进的结构分析和设计功能。同时,通过流畅的数据协同来维护和简化目前的工作流程,从而实现效率的提升。

**3. Robot**

Autodesk Robot Structural Analysis 是一个基于有限元理论的结构分析软件,其前身为 Robobat 公司,全球最主要的建筑结构分析和设计软件开发商之一。其专门为 BIM 设计,能够通过强大的有限元网格自动划分、非线性计算以及一套全面的设计规范计算复杂的模型,从而将得出结果所需时间由几小时缩短为几分钟。同时,通过与 Autodesk 配套产品建立三维的双向连接,能够提供无链、协调的工作流程和操作性,此外,该软件开放的 API(应用程序接口)提供了一种可扩展针对特定国家/地区的分析解决方案,该方案能够处理类型广泛的结构,包括建筑物、桥梁、土木以及其他专业结构。

**4. ETABS**

ETABS 是由 CSI 公司开发研制的房屋建筑结构分析与设计软件,ETABS 已有近十年的发展历史,是美国乃至全球公认的高层结构计算程序,在世界范围内广泛应用,是房屋建筑结构分析与设计软件的业界标准。除一般高层结构计算功能外,还可计算钢结构、钩、顶、弹簧、结构阻尼运动、斜板、变截面梁等特殊构件和结构非线性计算(Pushover、Buckling、施工顺序加载等),甚至可以计算结构基础隔震问题,功能非常强大。

**5. PKPM**

PKPM 是中国建筑科学研究院建筑工程软件研究所研发的工程管理软件。中国建筑科学研究院建筑工程软件研究所是我国建筑行业计算机技术开发应用的最早单位之一。它以国家级行业研发中心、规范主编单位、工程质检中心为依托,技术力量雄厚。软件的主要研发领域集中在建筑设计 CAD 软件、绿色建筑和节能设计软件、工程造价分析软件,施工技术和施工项目管理系统,图形支撑平台,企业和项目信息化管理系统等方面。PKPM 是一个系列,除了建筑、结构、设备(给排水、采暖、通风空调、电气)设计于一体的集成化 CAD 系统以外,目前 PKPM 还有建筑概预算系列(钢筋计算、工程量计算、工程计价)、施工系列软件(投标系列、安全计算系列、施工技术系列)施工企业信息化(目前全国很多特级资质的企业都在用 PKPM 的信息化系统)。

**6. Autodesk Insight 360**

Autodesk Insight 360 主要通过集中访问性能数据以及 Insight 360 中央界面中的高级分析引擎,优化建筑性能,其集成了现有工作流(例如 Revit Energy Analysis 和 Lighting Analysis for Revit)。除了了解 PV 能量生成外,Insight 360 还可使用新的日光分析工作流对体量或建筑图元表面的太阳辐射进行可视化操作。

Insight 360 还能利用 Energy Plus 在 Revit 2017 中提供动态热负荷和冷负荷,通过"能量成本范围"系数即时显示一系列潜在的设计成果,快速确定关键的能量性能推动因素,同时借助随手可得的数百万个潜在设计场景,对方向影响、封套、WWR、照明设备、明细表、HVAC 以及 PV 执行可视化操作进而比较不同的设计场景,并与项目相关方共享设计意图,根据 Architecture 2030 和 ASHRAE 90.1 性能指标对性能进行评测。

 本章小结

本章主要介绍了建筑业信息化发展背景、存在问题和 BIM 与信息化间的关系;BIM 的

定义、BIM 的相关术语、BIM 发展的"三阶段"和 BIM 在国内外的发展现状;BIM 在可行性、协同、施工和运维方面的价值;BIM 的特征和意义;BIM 的软件。

 **思考与练习题**

1-1  如何从广义上理解什么是 BIM?

1-2  BIM 的特征有哪些?

1-3  简述手工绘图、CAD 绘图和 BIM 建模的异同。

1-4  简述 BIM 的应用价值。

# 第2章

# BIM在建筑全生命周期内的应用

 本章要点和学习目标

**本章要点：**

(1)BIM 在项目前期规划阶段的应用,包括:工业和房屋建筑、轨道交通和道路桥梁等领域。

(2)BIM 在设计阶段的应用,包括:参数化设计、协同设计、碰撞检查及工程量和成本估算等。

(3)BIM 在施工阶段的应用,包括:建筑施工场地布置、施工进度管理、施工质量安全管理和成本管理等。

(4)BIM 在运维阶段的应用,包括:建筑全生命周期的基本概念、运营维护的基本概念和 BIM 在运营维护中的应用等。

**学习目标：**

(1)了解 BIM 在项目前期规划阶段的工业和房屋建筑等领域的应用。

(2)熟悉 BIM 在设计阶段的参数化设计、协同设计和碰撞检查等应用。

(3)熟悉 BIM 在施工阶段的施工进度管理、施工质量安全管理和成本管理等应用。

(4)了解建筑全生命周期的基本概念和 BIM 在运营维护中的应用等。

## 2.1 BIM 在项目前期规划阶段的应用

### 2.1.1 项目前期规划概述

南方某县投资 2000 万元建设了一个节水灌溉工程,但因用水成本较高与当地种植甘蔗的实际需求脱节,导致该工程成了华而不实的摆设。到底是工程的哪个环节出了问题呢?

项目前期策划是指在项目前期,通过收集资料和调查研究,在充分收集信息的基础上针对项目的决策和实施,进行组织、管理、经济和技术等方面的科学分析与论证。这能保障项目主持方工作有正确的方向和明确的目的,也能促使项目设计工作有明确的方向并充分体现项目主持方的项目意图。项目前期策划的根本目的是为项目决策和实施增值。增值可以反映在项目使用功能和质量的提高、实施成本和经营成本的降低、社会效益和经济效益的增长、实施周期缩短、实施过程的组织和协调强化以及人们生活和工作的环境保护、环境美化等诸多方面。项目前期策划虽然是最初阶段,但是对整个项目的实施和管理起着决定性的作用,对项目后期的实施、运营乃至成败具有决定性的作用。工程项目的前期策划工作包括项目的构思、情况调查、问题定义、提出目标因素、建立目标系统、目标系统优化、项目定义、项目建议书、可行性研究、项目决策等。要考虑科学发展观、市场需求、工程建设、节能环保、资本运作、法律政策、效益评估等众多专业学科的内容。

项目前期策划阶段对整个建筑工程项目的影响是非常大的。前期策划做得好,随后进行的设计、施工、运营就会进展顺利;前期策划做得不好,将对后续各个工程阶段造成不良的影响。

美国著名的 HOK 建筑师事务所总裁帕特里克·麦克利米(Patrick Macleamy)总结的具有广泛影响的麦克利米曲线(Macleamy Curve)如图 2-1 所示,清楚地说明了项目前期策划阶段的重要性以及实施 BIM 对整个项目的积极影响。

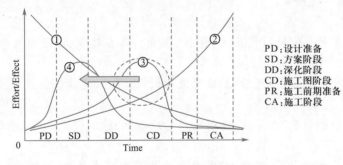

图 2-1　麦克利米曲线图

图中曲线①表示影响成本和功能特性的能力,它表明在项目前期阶段的工作对于成本、建筑物的功能影响力是最大的,越往后期这种影响力越小。

图中曲线②表示设计变更的费用,它的变化显示了在项目前期改变设计所花费的费用最低,越往后期费用越高。

对比图中曲线③和曲线④可发现,早期就采用 BIM 技术可使设计对成本和性能的影响时间提前,进而对建筑物的功能和节约成本有利。

在项目的前期就应该应用 BIM 技术,使项目所有利益相关者能够早一点参与到前期策划中,让每个参与方可以尽早发现各种问题并做好协调工作,以保证项目的设计、施工、交付使用顺利进行,减少延误、浪费和增加交付成本。

BIM 在项目的前期规划阶段主要应用包括现状分析、场地分析、成本估算、规划编制、建筑策划等,详细应用情况见表 2-1。

表 2-1                                        BIM 在项目的前期规划阶段主要应用

| 序号 | 应用概要 | 主要应用的具体情况 |
|---|---|---|
| 1 | 现状分析 | 在项目前期规划阶段,把现状图纸导入基于 BIM 技术的软件中,创建出场地现状模型,根据规划创建出地块的用地红线及道路红线,并生成道路指标。之后创建建筑体块的各种方案,创建体量模型,做好交通、景观、管线等综合规划,进行概念设计,建立建筑物初步的 BIM 模型 |
| 2 | 场地分析 | 根据项目的经纬度,借助相关软件采集当地太阳及气候数据,并基于 BIM 模型数据利用分析软件进行气候分析、环境影响评估,包括日照、风、热、声环境影响评估。某些项目还要进行交通影响模拟应用 |
| 3 | 成本估算 | 利用 BIM 技术强大的信息统计功能,可以获取较为准确的土建工程量,即直接计算本项目的土建造价。还可提供对方案进行补充和修改后所产生的成本变化,可快速知道设计变化对成本的影响,衡量不同方案的造价优劣 |
| 4 | 规划编制 | 应用 BIM 模型、漫游动画、管线碰撞报告、工程量及经济技术指标统计表等 BIM 技术的成果编制设计任务书 |
| 5 | 建筑策划 | 利用参数化建模技术,可以在策划阶段快速组合生成不同的建筑方案 |

在工程建设行业中,无论是哪个行业,是否能够帮助业主把握好产品和市场之间的关系,是项目前期规划阶段至关重要的一点,BIM 则恰好能够为项目各方在项目策划阶段做出使市场收益最大化的建议。同时在项目前期规划阶段,BIM 技术对于建设项目在技术和经济上可行性论证提供了帮助,提高了论证结果的准确性和可靠性。然而不同类型项目在项目规划前期阶段的 BIM 应有所不同,下面将分别介绍工业与民用建筑、地铁、公路、桥梁等项目规划前期阶段的 BIM 应用情况。

## 2.1.2　BIM 在工业和房屋建筑中的应用

在项目规划前期阶段,业主需要确定出建设项目、方案是否既具有技术与经济可行性又能满足类型、质量、功能等要求。但是,只有花费大量的时间、金钱与精力,才能得到可靠性较高的论证结果。而 BIM 技术可以为广大业主提供概要模型,针对建设项目方案进行分析和模拟,从而为整个项目的建设降低成本、缩短工期并提高质量。

现阶段,工业与房屋建筑项目在项目规划前期阶段主要将 BIM 技术应用在以下几个方面,如图 2-2 所示。

**1. BIM 在场地规划方面的应用**

场地规划是研究影响建筑物定位的主要因素,是确定建筑物的空间方位和外观、建立建筑物与周围景观联系的过程。在项目规划前期阶段,场地的地貌、植被、气候条件都是影响设计决策的重要因素,往往需要通过场地分析来对景观规划、环境现状、施工配套及建成后交通流量等各种影响因素进行评价及分析。传统的场地分析存在诸如定量分析不足、主观因素过重、无法处理大量数据信息等弊端,通过 BIM 结合地理信息系统(GIS)对场地及拟建的建筑物空间数据进行建模,利用 BIM 及 GIS 软件的强大功能,迅速得出令人信服的分析结果,从而做出新建项目最理想的场地规划、交通流线组织关系、建筑布局等关键决策。

**2. BIM 在体量建模方面的应用**

在项目规划前期阶段,BIM 的体量功能可以帮助设计师进行自由形状建模和参数化设计,并能够让使用者对早期设计进行分析,同时借助 BIM,设计师可以自由绘制草图,快速创建三维形状,交互处理各个形状。这也为建筑师、结构工程师和室内设计师提供了更大的灵活性,使他们能够表达想法并创建可在初始阶段集成到建筑信息建模(BIM)中的参数化体量。以 Revit 为例,其概念体量的功能,便于设计师对设计意图进行推敲和选型,并根据实际情况实时进行基本技术指标的优化。

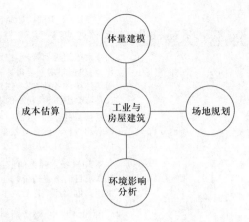

图2-2　BIM 在工业与房屋建筑项目规划前期阶段的主要应用点

**3. BIM 在环境影响分析方面的应用**

建筑业每年对全球资源的消耗和温室气体的排放几乎占全球总量的一半,采用有效手段减少建筑对环境的影响具有重要的意义,因此在项目规划前期阶段进行必要的环境影响分析显得尤为重要。通过基于 BIM 的参数化建模软件,如 Revit 的应用程序接口 API,将建筑信息模型 BIM 导入各种专业的可持续分析工具软件如 Ecotect 软件中,可以进行日照、可视度、光环境、热环境、风环境等的分析和模拟仿真。在此基础上,对整个建筑的能耗、水耗和碳排放进行分析和计算,使建筑设计方案的能耗符合标准,从而可以帮助设计师更加准确地评估方案对环境的影响程度,优化设计方案,将建筑对环境的影响降到最低。

**4. BIM 在成本估算方面的应用**

建筑成本估算对于项目决策来说,有着至关重要的作用。一方面此过程通常由预算员先将建筑设计师的纸质图纸数字化,或将其 CAD 图纸导入成本预算软件中,或者利用图纸手工算量,上述方法增加了出现人为错误的风险,也使原图纸中的错误继续扩大。如果使用 BIM 来取代图纸,所需材料的名称、数量和尺寸都可以在模型中直接生成,而且这些信息将始终与设计保持一致。在设计出现变更时,如窗户尺寸缩小,该变更将自动反映到所有相关的施工文档和明细表中,预算员使用的所有材料名称、数量和尺寸也会随之变化。另一方面,预算员用在计算数量上的时间在不同项目中有所不同,但在编制成本估算时,50%～80%的时间要用来计算数量。而利用 BIM 算量有助于快速编制更为精确的成本估算,并根据方案的调整进行实时数据更新,从而节约了大量时间。

## 2.1.3　BIM 在轨道交通中的应用

近30年来,中国城市轨道交通正逐步进入稳定、有序和快速发展阶段,尤其是近10年来,由于国家政策的正确引导和相关城市对规划建设轨道交通的积极努力,在发展速度、规模和现代化水平,突显了后发优势。城市轨道交通工程建设规模大、周期长(一般可达4～7年),各相关主要专业超过20个,专业间协调工作量巨大。同时由于地铁工程受环境因素影响较大,经常出现各种各样的工程变更,涉及各专业和部门,形成各专业不断调整、协调的动态设计过程,同时,相比于一般建筑工程项目,城市轨道交通项目在前期规划阶段需要进行线网规划、线路走向、线站位选取等复杂规划,其规划方案的质量会直接影响到城市的发展。现阶段,BIM 也已经开始在城市轨道交通工程中推广应用,其全新的理念在一定程度上提高了轨道交通规划、设计、施工、运维的科学技术水平,特别是在规划阶段,BIM 在可视化、参数化、信息化方面的优势为其规划方案设计提供了快速直观的设计表达方式。

现阶段,BIM 在城市轨道交通工程项目前期规划阶段主要应用在以下几个方面,如图 2-3 所示。

**1. BIM 在轨道交通场地规划的应用**

将 BIM 与 GIS 相结合,建立地下轨道交通模型,并将线路模型导入,借助周边场景的模拟寻找最佳走向。同时可对轨道交通项目线路周边的交通情况进行模拟,通过交通综合分析模拟,直观分析建设项目对周边交通的影响,对比不同的方案在建设期内可能造成的影响,材料物料供应的可行性等问题,选择最优方案,避免因供给因素所造成的影响。

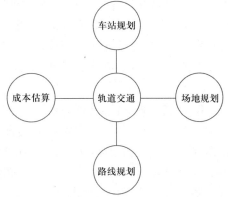

图 2-3　BIM 在轨道交通项目前期规划阶段的主要应用点

**2. BIM 在轨道交通车站规划的应用**

用 BIM 技术对地铁车站客流进行三维动态仿真模拟,可以较真实地反映地铁客流和与之相关的商业客流之间的交互关系。通过不断地调整初始客流,获取最优的客流分布,为确定车站出入口的布置和地下空间开发规模提供富有价值的参考信息。这样既可以避免高峰时段客流的拥堵,也可以防止因客流不足而造成的地下空间资源浪费。

**3. BIM 在轨道交通线路规划的应用**

利用 BIM 可视化的特点,结合 GIS 信息,建立周边的建筑物、周边环境、地下空间的模型,并将不同方案的设计模型导入,进行方案比对;通过可视化的场景能够更好地辅助线路的选择,辅助整体线路规划,从而找出不同选址的问题点,提高选址决策的准确性。

**4. BIM 在轨道交通成本估算的应用**

利用 BIM 快速计算工程量的特点,能够尽最大可能提供准确的工程量数据,并且能够对不同方案的工程量进行快速计算,得到精确的工程量,从而得到相对准确的投资估算,为项目决策提供可靠的数据支持,降低项目风险。

## 2.1.4　BIM 在道路桥梁中的应用

公路作为我国基础建设的重要内容,直接影响着国家的经济发展。公路建设存在着建设周期长、影响范围广、投资金额大等特点。公路线路的规划是否合理,是项目决策是否正确的决定因素。同时,桥梁作为公路工程的组成部分,在整个项目中占据极为重要的地位。因为大桥梁工程及复杂桥梁工程的选址及桥式方案直接关系到整个项目成功与否。因此,能否合理完成公路的规划,就显得尤为重要。

运用 BIM 全生命周期的理念和技术,可以根据规范及建设标准快速建立公路项目的可行性研究模型。由于模型是信息化模型,具有参数化和可运算的特征,因此通过计算分析,在模型中进行线路、行人、人群流量预测,能够有效地确定项目功能定位和建设的必要性。同时,公路 BIM 模型可把路线走廊以动画的形式显示出来,使建设方、各专家及决策方能在直观条件下对方案进行比选。

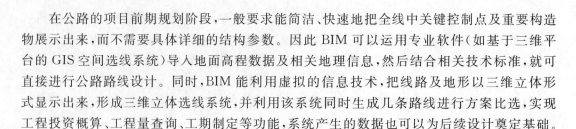

在公路的项目前期规划阶段,一般要求能简洁、快速地把全线中关键控制点及重要构造物展示出来,而不需要具体详细的结构参数。因此 BIM 可以运用专业软件(如基于三维平台的 GIS 空间选线系统)导入地面高程数据及相关地理信息,然后结合相关技术标准,就可直接进行公路路线设计。同时,BIM 能利用虚拟的信息技术,把线路及地形以三维立体形式显示出来,形成三维立体选线系统,并利用该系统同时生成几条路线进行方案比选,实现工程投资概算、工程量查询、工期制定等功能,系统产生的数据也可以为后续设计奠定基础。

现阶段,公路桥梁项目在项目前期规划阶段主要将 BIM 技术应用在以下几个方面,如图 2-4 所示。

**1. BIM 在公路线路规划的应用**

利用 BIM,设计师可以快速导入地面高程数据及相关地理信息,将原始地形以三维立体的方式显示出来,进而在可视化的条件下生成多条路线进行有效比选。

**2. BIM 在桥型方案的应用**

现阶段,在桥型方案规划中,BIM 可以让桥梁工程师基于真实的地形、环境场景和既有线路在三维视图下以搭积木的方式快速建立直观的桥梁三维模型,并完成初步的工程量统计,同时也能完成桥梁在净高、视

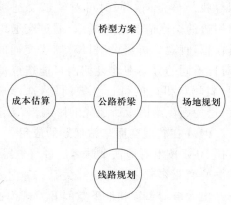

图 2-4　BIM 在道路桥梁项目前期规划阶段的主要应用点

野、安全等方面的分析,为业主提供直观有效的决策辅助。

**3. BIM 在路桥成本估算的应用**

以公路建设为例,其土石方量是决定成本的重要因素之一。利用 BIM 与 GIS 的结合,可以快速完成现有规划路线的土方量计算,生成必要的土方调配表,用以分析合适的挖填距离和要移动的土方数量。同时,也能从道路桥梁模型中提取相应的工程量,快速完成路桥的工程成本估算,为项目的决策提供数据支撑。

# 2.2　BIM 在设计阶段的应用

## 2.2.1　参数化设计

### 1. 概述

参数化设计的概念最早源于美国麻省理工学院 Gassard 教授提出的"变量化设计"。与传统的 CAD 系统不同,参数化设计系统把影响设计的主要因素当成参数变量,即把设计要求看成参数并首先找到某些重要的设计要求作为参数,然后通过某一种或几种规则系统(算法)作为指令构筑参数关系,再利用计算机语言描述参数关系形成软件参数模型。在计算机语言环境中输入参变量数据信息,同时执行算法指令时,就可实现生成目标,得到设计方案雏形。因此,参数化设计在一定程度上改变了传统的设计方式和思维观念。

参数化设计最早仅应用于工业设计领域,20 世纪 90 年代后期在欧美一些著名建筑设计院所的推动下,以参数化设计为主,关联设计、参数化设计、数字化设计、数字建构、建筑信息模型、非线性建筑等建筑新思潮蓬勃发展,目前基于 BIM 的参数化设计已遍布建筑设计的整个过程。具体为:

(1)参数化建模

参数化建模是基于 BIM 的参数化设计的核心。随着人们审美观念的转变,现代建筑经常采用漂亮的异形进行自由曲面设计,其模型复杂,建模困难。利用 BIM 的参数化建模技术,设计师只需预先设定好模型的参数值、参数关系及参数约束,然后由系统创建具有关联和连接关系的建筑形体。例如:图 2-5 所示为使用参数化软件 Rhino 创建的某球场模型。图 2-6 则是设计师为完成建模,而使用 Grasshopper(一款在 Rhino 环境下运行的采用程序算法生成模型的插件)创建的模型参数关系框图(又称电池图)。

图 2-5　使用 Rhino 创建的某球场模型

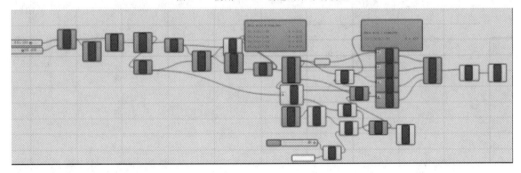

图 2-6　使用 Grasshopper 创建模型时的电池图(部分示意)

(2)创建结构分析模型

BIM 模型里的参数不仅包括建筑物的几何信息和物理信息,还包含丰富的结构分析信息,例如,杆件的拓扑信息、刚度数据、节点信息、材料特性、荷载分布、边界支撑条件等。设计师可利用 BIM 系统,创建结构实体构件,并自动生成结构分析模型,建立有限元结构信息模型。

此外,BIM 系统所带的分析检查功能,还可以保证所创建结构分析模型的正确合理,设计师可将其导入专门的结构分析软件,进行计算分析并调整构件的材料和尺寸。

(3)多方案优化设计

基于 BIM 的参数化设计系统,通常使用多方案的设计选项参数。它利用一个模型并发研究多个方案,设计师在进行建筑方案的量化、可视化和假设分析、推敲时,只需在模型中关闭或开启某些设计选项功能,即可实现多方案的切换。

(4)自动出图

利用传统 CAD 系统进行设计时,如果出现设计变更,就需要设计师手动、逐项修改各张图纸的相关信息,不仅工作量大,还存在漏改的风险。而 BIM 系统的参数化设计,由于模型、图纸及其他数据信息是相互关联的,所以保证了变更准确和实时传递,节省了设计师的时间和精力,大大提高了设计效率。

(5)基于经济性的结构优化设计

基于 BIM 技术的设计软件可提供强大的工程量统计功能,工程师可以根据自己的需要,添加或自定义字段,提取所需信息,为实现基于“投资效益”准则的性能化结构设计提供便捷、高效的工具。

**2. 参数化设计案例**

“水立方”是国家游泳中心为迎接 2008 年北京奥运会而兴建的比赛场馆,如图 2-7 所示。该建筑总建筑面积约 50 000 m²,其长、宽均约 177 m,高约 31 m,地下 2 层,地上主体单层、局部 5 层。“水立方”的设计工作由中建总公司牵头,联合中建国际(深圳)设计工程顾问有限公司、澳大利亚 PTW 建筑师事务所和悉尼 ARUP 工程顾问有限公司组成的设计联合体具体设计。

图 2-7　国家游泳中心——“水立方”

“水立方”的名称与它的外形非常吻合,其设计灵感源于肥皂泡和有机细胞的天然图案,因为采用了 BIM 技术,才使得这样的设计灵感能够实现。如图 2-8 所示,"水立方"的建筑结构采用了 3D 的维伦第尔式空间梁架(每边长约 175 m,高 35 m)。整个空间梁架由若干个基本细胞单位构成,每个几何细胞均由 12 个五边形和 2 个六边形组成。为此,设计师使用 Bentley Structural 和 MicroStation TriForma 制作了一个 3D 的细胞阵列,然后为建筑物制作造型。其余元件的切削表面形成这个混合式结构的凸源,而内部元件则形成网状,在 3D 空间中一直重复,没有留下任何闲置空间。

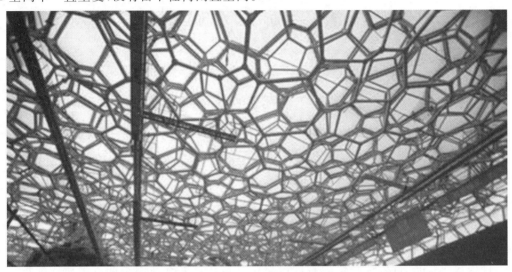

图 2-8 "水立方"的建筑结构——空间梁架

由于设计师们在"水立方"项目中大量使用了 BIM 的参数化设计技术,在较短时间内完成如此复杂的几何图形的设计,所以赢得了 2005 年美国建筑师学会(AIA)颁发的"建筑信息模型奖"。

**3. 参数化设计的应用**

采用参数化设计方法也是 Revit 软件的一个重要特点,它体现在两个方面:参数化建筑图元和参数化修改引擎。

(1)参数化建筑图元

参数化建筑图元是 Revit 软件的核心。如图 2-9 所示为 Revit 中的图元结构。所谓参数化建筑图元,实际上是由系统为用户预先提供的一些可以直接调用的建筑构件,例如图中的墙、柱(梁)、门窗、楼梯、屋顶等。设计师在创建项目时,需要添加相应的参数化建筑图元,并通过对其参数的调整而控制建筑构件的几何尺寸、材质等信息。

(2)参数化修改引擎

参数化修改引擎提供了参数更改技术,利用它可使设计师对建筑设计或文档部分做出的改动能够自动在其他相关联的部分及时反映出来,大大提高了工作效率、协同效率和工作质量。Revit 软件采用智能建筑构件、视图和注释符号,使每一个构件都通过一个变更传播引擎互相关联。软件中构件的移动、删除和尺寸的改动所引起的参数变化会引起相关构件的参数产生关联的变化,任一视图下所发生的变更都能参数化地、双向地传播到所有视图,以保证所有图纸的一致性,无须逐一对所有视图进行修改。

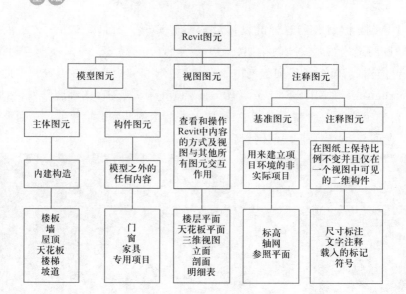

图 2-9　Revit 中的图元结构

## 2.2.2　协同设计

随着经济全球化进程的加速发展,跨国家、跨地区、跨行业的联盟型虚拟设计机构应运而生,许多建筑产品的设计、施工和管理需要由分布在世界各地的不同人员协同完成。由此,一种新兴的工作方式出现了,这就是协同设计。

协同设计是网络环境下 BIM 系统的关键技术之一,协同设计亦称计算机支持协同设计(Computer Supported Cooperative Design,CSCD),是指在计算机支持的共享环境里,由一群设计师、工程师协同努力,共同完成某个工程项目的一种新的工作方式,其本质为:共同任务,共享环境,通信、合作和协调。

而基于 BIM 的协同设计是指不同专业人员使用各自的 BIM 核心建模软件,在客户端建立与自己专业相关的 BIM 模型(Local File),并与服务器端唯一的中心文件(Centre File)链接,保持本地数据的修改和更新,并在与中心文件同步后,将新创建或修改的信息自动添加到中心文件。

工作共享是 Revit 软件的一种协同设计方法,此方法允许多名项目组成员同时处理同一个项目模型。它的主要功能是可以让项目组每位成员能同时对中心模型的本地副本进行修改。图中的工作集是指项目中墙、门、楼板、楼梯等建筑构件的集合,它具有在设计师之间传递和协调修改的功能。该功能类似于 AutoCAD 软件中的 XREF(外部参照),但比其复杂和强大许多。

在 Revit 创建的项目中,不同的设计师可以通过建立各自的工作集(这些工作集互不重叠)在同一个模型中同时工作,他们可以随时在工作集中签入或签出构件或工作集,并同时参与协同设计的最新变化,而其他设计师则可以随时查看这些签出的构件或工作集,但不可以修改,这个过程就像在图书馆中借还书籍一样。工作集可以使设计师们的工作既有分工,又完全协调,大大提高了设计效率,同时还能保证设计质量。

Revit 中处理团队项目的工作流程如图 2-10 所示。

图 2-10　Revit 中处理团队项目的工作流程

### 2.2.3　碰撞检测

在传统二维设计中,一直存在一个难题,就是设计师难以对各个专业所设计的内容进行整合检查,从而导致各专业在绘图上发生碰撞及冲突,影响工程的施工。而基于 BIM 的碰撞检测很好地解决了这个难题。

所谓碰撞检测,是指在计算机中提前预警工程项目中不同专业(包括结构、暖通、消防、给水排水、电气桥架等)空间上的碰撞冲突。在设计阶段,设计师通过基于 BIM 技术的软件系统,对建筑物进行可视化模拟展示,提前发现上述冲突,可为协调、优化处理提供依据,大大减少施工阶段可能存在的返工风险。

碰撞检测的使用范围可包括:

(1)深化设计阶段

在该阶段,利用 BIM 的碰撞检测技术,设计师可结合施工现场的实际情况和施工工艺进行模拟,对设计方案进行完善。

(2)施工方案调整

设计师将碰撞检测结果的可视化模拟展示给甲方、监理方和分包方,在综合各方意见的基础上进行相关方案的调整。

在 Revit 软件中,可以进行碰撞检测的图元包括:结构大梁和檩条;结构柱和建筑柱;结构支撑和墙;结构支撑、门和窗;屋顶和楼板;专用设备和楼板以及当前模型中的链接 Revit 模型和图元等。其工作流程如图 2-11 所示。

图 2-11　施工方案调整的工作流程

而进行构件间碰撞检查和质量控制,必须先链接其他专业模型,然后再使用碰撞检测功能命令,如图 2-12 所示。

使用 Revit 中的"链接模型"和"碰撞检测",可以找出项目模型里类型图之间的无效交点,方便设计师们在设计过程中及时发现各专业配合产生的结构碰撞或遗漏现象,并降低建筑变更及成本超限的风险。但由于 Revit 中的三维动态观察或者漫游,对机器的配置要求会非常高,所以,该方法对于大型建筑项目的展示效果不够理想。通常,设计师们会选用更为专业的其他软件进行碰撞检测。

Autodesk 公司的 Navisworks 软件是一款基于 Revit 平台的第三方设计软件,适用于在各种建筑设计中进行更为直观的 3D 漫游、模型合并、碰撞检查,帮助设计师及其扩展团

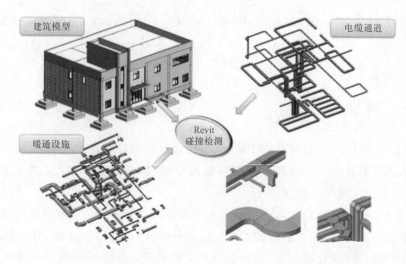

图 2-12    Revit 中的碰撞检测

队加强对项目的控制,提高工作效率,保证工程质量。

与 Revit 相比较,Navisworks 的碰撞检测功能更为强大。即使在最复杂的项目中,该软件也能够将 AutoCAD 和 Revit&reg 系列等应用软件创建的设计数据,与来自其他设计工具的几何图形和信息相结合,将其作为整体的三维项目,不仅通过多种文件格式进行实时审阅,并且不需要考虑文件的大小。

与其他相似软件相比,Navisworks 还有以下几个重要的特点:

(1)Navisworks 不仅能像其他软件(例如 Revit 软件等)一样能检测硬碰撞,还能检测间隙碰撞和软碰撞。

所谓硬碰撞,是指场景中的不同部分之间发生的实实在在的交叉、冲突。

而间隙碰撞是指两构件间并未发生实际的交叉、冲突,但由于它们之间的间距小于规定值而不满足碰撞检测的要求。例如,建筑物内部有两根管道并排架设,考虑到后期需要安装保温、隔热材料等,两管道间必须留有足够的间隙,过小的间隙会使得安装无法进行,这种现象被称为间隙碰撞。这个允许的间隙值称为公差,在 Navisworks 的使用中,可在碰撞检测前进行设置。

软碰撞则是指虽然两构件间产生了直接交叉和碰撞,但是这种交叉和碰撞在一定范围内是被允许的现象。而允许的交叉范围也称为公差。

(2)为了保证碰撞检测的准确性,应合理选择公差值。在间隙碰撞和软碰撞时,公差是指两构件相离或相交的程度。例如:柱 A 与风管 B 相交 0.6 m,如果公差值设置为 0.5 m,则该碰撞存在;若公差值设置为 1.0 m,那么在 Navisworks 中就检测不到该碰撞点。所以,为了提高碰撞检测的精度,公差值的设置应小于两构件相离或相交的距离。

(3)Navisworks 中的碰撞名称必须为英文,若使用中文名称,导出报告时将无法显示图片内容。同时,导出报告应采用 HTMIL 格式,因为该格式不仅能报告碰撞的位置,还能够导出碰撞位置的截图等内容,非常直观。

## 2.2.4  工程量和成本估算

工程量计算是编制工程预算的基础,该项工作由造价工程师完成。长期以来,造价工程师在进行成本计算时,常采用将图纸导入工程量计算软件中计算,或采用直接手工计算工程量这两种方式。其中,前者需要工程师将图纸重新输入计算量软件,该方式易产生额外的人为错误;而后者需要耗费造价工程师们大量的时间和精力。因此,无论是哪种方式,由于设计阶段的设计信息无法快速准确地被造价工程师们调用,所以他们没有足够的时间来精确计算和了解造价信息,从而容易导致成本估算的准确率不高(据统计,工程预算超支现象十分普遍)。

BIM 模型是一个面向对象的、包含丰富数据且具有参数化和智能化特点的建筑物的数字化模型,其中的建筑构件模型不仅带有大量的几何数据信息,同时也带有许多可运算的物理数据信息。借助这些信息,计算机可以自动识别模型中的不同构件,并根据模型内嵌的几何和物理信息对各种构件的数量进行统计。再加上 BIM 技术对于大数据的处理及分析能力,因此,近年来,基于 BIM 平台的工程量计算和成本估算技术已成为趋势。

与传统做法相比,基于 BIM 的自动化算量方法有如下优点:

(1)大大降低概预算人员的工作强度

基于 BIM 的自动化算量方法可以将大量的统计、计算工作交由系统完成,从而将造价工程师们从烦琐的劳动中解放出来,为他们节省更多的时间和精力用于其他更有价值的工作(例如询价、风险评估等)。

(2)工程量估算的精度与稳定性高

基于 BIM 的自动化算量方法比传统的计算方法更加准确。工程量计算是编制工程预算的基础,但计算过程非常烦琐,人工计算时很容易产生计算错误,影响后续计算的准确性。BIM 的自动化算量功能可以使工程量计算工作摆脱人为因素影响,从而得到更加客观的数据。

(3)便于设计前期的成本控制

传统的工程量计算方式往往耗时太多,因此,无法将设计对成本的影响及时反馈给设计师。而基于 BIM 的自动化算量方法则可以更快地计算工程量,并及时地将设计方案的成本反馈给设计师,这样做,有利于设计师们在设计的前期阶段对成本进行有效的控制。

(4)更好地应对设计变更

采用传统的成本核算方法,一旦发生设计变更,造价工程师需要手动检查设计变更,找出对成本的影响。这样的过程不仅缓慢,而且可靠性不强。BIM 软件与成本计算软件的集成,将成本与空间数据进行了一致关联,自动检测哪些内容发生变更,直观地显示变更结果,并将结果反馈给设计人员,使他们能清楚地了解设计方案的变化对成本的影响。

# 2.3 BIM 在施工阶段的应用

## 2.3.1 建筑施工场地布置

建设工程项目施工准备阶段,施工单位需要编写施工组织设计。施工组织设计主要包括工程概况施工部署及施工方案、施工进度计划、施工平面布置图和主要技术经济指标等内容。

其中,施工场地布置是项目施工的前提,合理的布置方案能够在项目之初从源头减少安全隐患,方便后续施工管理,降低成本,提高项目效益。近年来,中国建筑统计年鉴数据表明,建筑单位的利润仅占建筑成本的3%～4%,如果能够从场地布置入手,不仅能给施工单位带来直观的经济效益,同时能够加快进度,最终达到施工方与其他参与各方共赢的结果。随着我国经济的不断发展,各种新技术新工艺等不断涌现,建设项目规模不断扩大,形式日益复杂,对施工项目管理的水平也提出了更高的要求。所以,施工场地布置迫切需要得到重视。

**1. 场地布置综述**

施工平面布置图是施工方案及施工进度计划在空间上的全面安排。它把投入的各种资源、材料、构件、机械、道路、水电供应网络、生产、生活活动场地及各种临时工程设施合理地布置在施工现场,使整个现场有组织地进行文明施工。

(1)场地布置原则

①保证施工现场交通畅通,运输方便,减少全部工程的运输量;

②大宗建筑材料、半成品、重型设备和构件的卸车储存,应尽可能靠近使用安装地点,减少二次运输;

③尽量提前修好可以加以利用的正式道路、铁路和管线,为施工建设服务;

④根据投产或使用先后次序,错开各单位工程开工竣工时间,尽量避免施工高峰;避免多个工种在同一场地、同一地区、同一区域而相互牵制、相互干扰;

⑤重复使用场地,节约施工用地,减少临时道路、管线工程量,节省临时建设的资金;

⑥符合有关劳动保护、安全生产、防火、防污染等条例的规定和要求;

⑦慎重选择工人临时住所,应尽可能和施工现场隔开,但要注意距离适当,减少工人上下班途中往返时间,避免无代价的体力消耗。

(2)场地布置要点

①起重设施布置

井架、门架等固定垂直运输设备的布置,要结合建筑物的平面形状、高度、材料及构架的重量,考虑机械的负荷能力和服务范围,做到便于运输、缩短运距。

塔式起重机的布置要结合建筑物的形状及四周场地情况进行。起重高度、幅度及重量要满足要求,使材料和构件可达建筑物的任何使用地点。

履带式和轮胎式起重机的行驶路线要考虑吊装顺序、构件重量、建筑物的平面形状、高度、堆放场的位置以及吊装的方法等。

②搅拌站、加工厂、仓库、材料、构件堆场的布置

搅拌站、加工厂、仓库、材料、构件堆场要尽量靠近使用地点或在起重机起重能力范围内，运输、装卸要方便。

搅拌站要与砂、石堆场及水泥库一起考虑，既要靠近，又要便于大宗材料的运输装卸。木料棚、钢筋棚和水电加工棚可离建筑物稍远。

仓库、堆场的布置，应进行计算，能适应各个施工阶段的需要。按照材料使用的先后，同一场地可以提供多种材料或构件的堆放。易燃、易爆品的仓库位置，要遵循防火、防爆安全距离的要求。

构件重量大的，要在起重机臂下，构件重量小的，可离起重机稍远。

③运输道路的布置

应按材料和构件运输的需求，沿着仓库和堆场进行布置，使之畅通无阻。宽度要符合规定，单行道大于 3～3.5 m，双行道应大于 5.5～6 m。路基要经过设计，拐弯半径要满足运输要求，要结合地形在道路两侧设置排水沟。总的来说，现场应尽量设环形路，在易燃品附近也要设置进出容易的道路。

④行政管理、文化、生活、福利等临时的布置

应使用方便，不妨碍施工，符合防火、安全的要求，一般建在工地出入口附近，尽量利用已有设施或正式工程，必须修建时要经过计算确定面积。

⑤供水设施的布置

临时供水首先要经过计算、设计，然后进行设置。高层级建筑施工用水要设置蓄水池和加压泵，以满足高处用水要求。管线布置应使线路总长度小，消防管和生产、生活用水管可以合并设置。

⑥临时供电设施的布置

临时供电设计，包括用电量计算、电源选择、电力系统选择和配置。变压器离地应大于 30 cm，在 2 m 以外四周用高度大于 1.7 m 铁丝网围住以保证安全，但不要布置在交通要道口处。

（3）传统场地布置方法存在的问题。

目前，大多数工程项目都是以二维施工平面布置图的形式展示施工场地布置。但是随着项目复杂程度的增加，这种方式存在由于设计规范考虑不周全带来的绘制慢、不直观、调整多，空间规划不合理、利用率低等问题。主要体现在：

①向领导汇报或者做技术交底时，表达不直观；

②施工平面布置图是技术必须包含的内容，二维平面布置图投标无亮点；

③施工现场布置图应随施工进度推进呈现动态变化，然而传统的场地布置方法没有紧密结合施工现场动态变化的需求，尤其是对施工过程中可能产生的安全冲突问题考虑欠缺；

④二维设计条件下，要实现对场地进行不同布置方案设计，需要进行大量的作图工作，费时费力，导致施工单位不愿进行多方案比选。

相比而言，BIM 三维场地布置可以有效解决以上问题。通过 BIM 软件布置出三维模型，可以为施工前期的场地布置，提供有效的方案选择，大大提高施工场地的利用率。其中包括板房、围墙、大门、加工棚，以及提前在建模端建立完成的工程三维模型等。

47

### 2. BIM三维场地布置应用

目前市场上存在多款可以有效进行施工场地布置的BIM软件,见表2-2。

表2-2　　　　目前常用的BIM三维场地布置软件及主要应用阶段

| 软件工具 | | | 设计阶段 | | | 施工阶段 | | | | 运维阶段 | | |
| --- | --- | --- | --- | --- | --- | --- | --- | --- | --- | --- | --- | --- |
| 公司 | 软件 | 专业功能 | 方案设计 | 初步设计 | 施工图 | 施工投标 | 施工组织 | 深化设计 | 项目管理 | 设备维护 | 空间管理 | 设备应急 |
| Autodesk | Civil 3D | 地形场地道路 | | ▲ | ▲ | ▲ | ▲ | | | | | |
| | Navisworks | 场地布置 | | ▲ | ▲ | ▲ | ▲ | | | | | |
| 清华大学 | 4D施工软件 | 4D施工场地管理 | | | ▲ | ▲ | ▲ | ▲ | | | | |
| 鲁班 | 鲁班施工软件 | 场地布置 | | ▲ | ▲ | ▲ | ▲ | | ▲ | | | |
| | BIM施工现场布置软件 | 场地布置 | ▲ | ▲ | ▲ | ▲ | | | ▲ | | | |

以上软件各具特色,施工单位可以根据具体工程需要进行选择。BIM三维场地布置软件具有以下特点:

(1)软件内含丰富的施工常用图例模块,如地形图、围墙大门、临时用房、运输设施、脚手架、吊塔、临时设备等,输入构件的相关参数后,鼠标拖曳即可完成布置绘制成图,并可帮助工程技术人员快速、准确、美观地绘制施工现场平面布置图,并计算出工程量,对前期的措施计算、材料采购、结算提供依据,避免利润流失。

(2)可以模拟脚手架排布、砌块排布,输出排列详图。BIM场地布置软件可以模拟脚手架排布、砌块排布,指导现场实际施工。

(3)基于BIM三维模型及搭建的各种临时设施,可以对施工场地进行布置,合理安排塔吊、库房、加工场地和生活区等位置,解决现场施工场地划分问题;通过与业主的可视化沟通协调,对施工场地进行优化,选择最优施工路线;通过软件进行三维多角度审视,设置漫游路线,形象生动,避免表达不直观问题,并输出平面布置图、施工详图、三维效果图。

(4)运用BIM快速建模和IFC标准数据下的信息共享特点,能够达到一次建模,多次使用,快速进行不同阶段的场地布局方案设计,大量节省时间、精力等,为进行施工全过程考量提供可能。

(5)软件内设置施工规范和消防、安全文明施工、绿色施工、环卫标准等规范,并嵌入丰富的现场经验,为使用者提供更多的参考依据。如依据安全施工检查标准,通过对施工场地平面布置内容进行识别,将此数据库和BIM场地布置软件相结合,进行合理性检查。

## 2.3.2 施工进度管理

**1. 施工进度管理概述**

工程项目进度管理,是指全面分析工程项目的目标,各项工作内容、工作程序、持续时间和逻辑关系,力求拟定具体可行、经济合理的计划,并在计划实施过程中,通过采取各种有效的组织、指挥、协调和控制等措施,确保预定进度目标实现。一般情况下,工程项目进度管理的主要内容包括进度计划和进度控制两大部分。工程项目进度计划的主要方式是依据工程项目的目标,结合工程处所的特定环境,通过工程分解、作业时间估计和工序逻辑关系建立第一系列步骤,形成符合工程目标要求和实际约束的工程项目计划排程方案;工程项目进度控制的主要方法是通过收集进度实际进展情况,与基准进度计划进行比较分析、发现偏差并及时采取应对措施,确保工程项目总体目标的实现。

工程进度管理属于工程项目进度管理的一部分,只是根据施工合同规定的工期等要求编制工程项目施工进度计划,并以此作为管理的依据,对施工的全过程持续检查、对比、分析,及时发现施工过程中出现的偏差,有针对地采取有效应对措施,调整工程建设施工作业安排,排除干扰,保证工期目标实现的全部活动。

**2. BIM 进度管理实施途径和实施框架**

根据项目的特点和 BIM 软件所能提供的应用,明确项目过程中 BIM 实施的途径和框架。基于 BIM 的进度管理实施途径如图 2-13 所示。

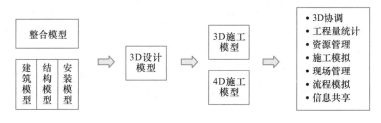

图 2-13 基于 BIM 的进度管理实施途径

在项目建设中,影响施工进度的因素众多,如工人的工作效率、管理水平、图纸问题、施工质量等。通过引入 BIM 技术,利用 BIM 可视化、参数化等特点来降低各项负面因素对施工进度的影响(图 2-14)。一方面提升进度管理水平和现场的工作效率,另一方面可以最大限度地避免进度拖延事件的发生,减少工程延误造成的损失。因此,在项目实施之前,需要规划 BIM 施工进度管理的实施框架,明确 BIM 在进度管理方面的应用。

图 2-14 进度管理影响因素分析

BIM 施工进度管理实施框架包括 BIM 项目实施和应用两部分内容。BIM 实施框架从 BIM 规划、组织、实施流程及基础保障等方面规范了各方的工作内容及需要达到的目标。BIM 应用框架主要是明确 BIM 在施工进度管理领域的应用点,根据应用点设计 BIM 进度管理流程,确定实现方法和实施程序,同时定义 BIM 信息交换要求,明确支持 BIM 实施的基础设施。

**3. BIM 进度管理实施流程及方法**

基于 BIM 的工程项目施工进度管理是指施工单位以建设单位要求的工程为目标,进行工程分解、计划编制、跟踪记录、分析纠偏等工作。同时项目的所有参与方都能在 BIM 提供的统一平台上协同工作,进行工程项目施工进度计划的编制与控制。基于 BIM 的 4D 施工模拟能够直观的表现工程项目的时序变化情况,使管理人员摆脱对复杂抽象的图形、表格和文字等二维元素的依赖,有利于各阶段、各专业相关人员的沟通和交流,减少建设项目因为信息过载或流失而带来的损失,提高建筑从业人员的工作效率及整个建筑业的效率。

(1)基于 BIM 的进度计划编制

传统的进度管理对施工现场准备工作缺少重视,绝大多数计划中并没有详细分解施工准备所包含的工作,多数情况只定义了总的准备时间。由于这部分进度计划较为粗略,并不能达到控制的要求,而这些工作实际影响着工程是否能够按时开工、按期竣工,对工程进度能否按照进度计划完成有着重要影响,并且合理的缩短施工现场准备时间,也能为施工现场带来一定的经济效益。在施工过程中,为了完成工程实体的建设,除了进行一些实体工作,还需要很多非实体经济的工作。非实体工作是指在施工过程中不形成工程实体,但是在施工过程中又是必不可少的工作,如施工现场的准备、大型机械安拆、脚手架搭拆等临时性、措施性工作。

基于 BIM 的进度计划编制,并不是完全摆脱传统的进度编制程序和方法,而是研究如何把 BIM 技术应用到进度计划编制工作中,进而改善传统的进度计划编制和工作,更好地为进度计划编制人员服务。传统的进度计划编制工作流程主要包括工作分解结构的建立、工程的估算以及工作逻辑关系的安排步骤。基于 BIM 的进度计划编制工作一方面也应该包括这些内容,只是有些工作由于有了 BIM 技术及相关软件的辅助变得相对容易;另一方面,新技术的应用也会对原有的工作流程和工作内容带来变革。基于 BIM 的制订进度计划的第一步就是建立 WBS,分解完成后需要将 WBS 进度作业、资源等信息与 BIM 模型图元信息进行链接,其中关键的环节是数据的集成。BIM 技术的应用使得进度计划的编制更加科学合理,减少进度计划中存在的潜在问题,保证现场施工的合理安排。

(2)基于 BIM 的进度计划优化

基于 BIM 的进度计划优化包括两个方面内容:一是在传统优化方法基础上结合 BIM 技术对进度计划进行优化;二是应用 BIM 技术进行虚拟建造、施工方案比选、临时设施规划。利用 BIM 优化进度计划不仅可以实现对进度计划的直接或者间接深度优化,而且还能找出施工过程中可能存在的问题,保证优化后进度计划能够有效实施。

(3)基于 BIM 的施工进度控制

传统的进度控制方法主要是利用收集到的进度数据进行计算,并以二维的形式展示计算结果,在需要对原来的进度计划进行调整时,也只能根据进度数据及工程经验进行调整,重新安排相关工作,采取相应的进度控制措施,而对于调整后的进度计划在实施过程中是否存在其他的问题无法提前知晓,只有遇到具体问题时,再进行管理控制。而利用 BIM 技术则可以对调整后的进度计划进行可视化的模拟,分析调整方案是否合理。基于 BIM 的进度控制,可以结合传统的进度控制方法,以 BIM 技术特有的可视化动态模拟分析的优势,对工程进度进行全方位精细化的控制,是进度控制技术的革新。

基于 BIM 的进度跟踪分析控制可以实现实时分析、参数化表达以及协同控制。基于 BIM 的 4D 施工进度跟踪与控制系统,可以在整个建筑项目实施过程中利用进度管理信息平台实现异地办公、信息共享,将决策信息的传递次数降到最低,保证施工管理人员所做的决定立即执行,提高现场施工效率。

基于 BIM 的施工进度跟踪分析与控制主要包括两方面工作:

①项目施工前在施工现场和项目管理办公场所建立一个可以即实互动交流沟通的进度信息采集平台,该平台主要支持现场监控、实时记录、动态更新、实际进度等进度信息的采集工作;

②利用该进度信息采集平台提供的数据和 BIM 施工进度计划模型进行跟踪分析与调整控制。

### 2.3.3 施工质量安全管理

**1. 施工质量安全管理概述**

在施工过程中,建筑工程项目受不可控因素影响较多,容易产生质量安全问题,施工过程中的质量安全控制尤为重要,BIM 技术在工程项目质量安全管理中的应用目标可以细分如下三个等级:1 级目标为较成熟也较易于实现的 BIM 应用;2 级目标涉及的应用内容较多,需要多种 BIM 软件相互配合来实现;3 级目标需要较大的软件投入(涉及 BIM 技术的二次开发过程)和硬件投入,需要较深入的研究和探索才能实现,见表 2-3。

表 2-3　　　　　　　　BIM 技术在工程项目质量和安全管理中的应用目标

| 目标 | 名称 | 内容 |
|---|---|---|
| 1 级目标 | 图纸会审管理 | 采用 BIM 技术进行图纸会审,把图纸中的问题在施工开始前就予以暴露和发觉,提升图纸会审工作的质量和效率 |
| | 专项施工方案的模拟以及优化管理 | 采用 BIM 技术对专项施工方案进行模拟,将各项施工步骤和施工工序之间的逻辑关系直观地加以展示,同时再配合简单的文字表述<br>在降低技术人员和施工人员理解难度的同时,进一步确保专项施工方案的可实施性 |
| | 三维和四维技术交底管理 | 将运用 BIM 技术建立的模型转换为可三维浏览的文件,并结合文字说明、图片等内容,最终形成可视化 PDF 文件,以保证在施工中全面可视化交底,从而大大提高施工效率和质量 |
| | 碰撞检测及深化设计管理 | 基于施工图 BIM 模型,进行各专业内部和各专业之间的碰撞检测及深化设计,在提升深化设计工作的质量和效率的同时,确保深化设计结果的可实施性 |
| | 危险的辨识及管理 | 将施工现场所有的生产要素都绘制在 BIM 模型中,在此基础上,采用 BIM 技术对施工过程中的危险源进行辨识和评价 |
| | 安全策划管理 | 采用 BIM 技术,对需要进行安全防护的区域进行精确定位,事先编制出相应的安全策划方案 |
| 2 级目标 | 竣工 BIM 的建模及管理 | 依据工程项目建造工程中的变更信息、进度信息和造价信息,对施工 BIM 模型进行补偿和完善,形成信息完备能够反映工程项目最终状态的竣工 BIM 模型 |
| | RFID 技术应用 | 采用 BIM 技术和 RFID 技术,实现重点工程和隐蔽工程的质量管理 |
| | 预制装配式建筑的施工管理 | 实现 BIM 环境下的预制装配式建筑的质量管理 |
| 3 级目标 | 采用 BIM 技术的三维激光扫描技术的质量管理 | 将 BIM 技术和三维激光扫描技术相结合,实施施工图信息和施工现场实测实量信息的比对和分析 |

**2. 施工质量安全管理的 BIM 模型构成**

(1)建模依据

①依据图纸和文件进行建模

用于质量安全建模的图纸和文件包括:图纸和设计类文件、总体进度规划文件、当地的规范和标准类文件(其他的特定要求)、专项施工方案、技术交底方案、设计交底方案、危险源辨识计划、施工安全策划书。

②依据变更文件进行建模(模型更新)

用于质量安全建模的变更文件包括:设计变更通知单和变更图纸、当地的规范和标准类文件,以及其他的特定要求。

(2)质量管理数据输入要求从上游获取的质量管理数据见表 2-4。

表 2-4　　　　　　　　　　从上游获取的质量管理数据列表

| 数据的类别 | 数据的名称 | 数据的格式 |
|---|---|---|
| 施工准备阶段的数据 | 各参与单位的资质资料 | 文本和图像 |
| | 各参与单位的项目负责人资料 | |
| | 地质勘查报告 | |
| | 设计图纸 | 文本 |
| 施工依据数据 | 设计图纸 | 文本 |
| | 深化设计图纸 | |
| | 设计变更图纸 | |
| | BIM 数据 | |
| 施工计划数据 | 施工进度计划 | 格式化的数据 |
| | 材料进场计划 | |
| | 资金使用计划 | |

(3)安全管理数据输入要求

从上游获取的安全管理数据见表 2-5。

表 2-5　　　　　　　　　　从上游获取的安全管理数据列表

| 数据的类别 | 数据的名称 | 数据的格式 |
|---|---|---|
| 建筑物的信息 | 工程概况和建筑材料种类 | 文本 |
| 施工组织资料 | 施工组织设计 | 文本 |
| | 施工平面布置图 | |
| | 施工机械的种类 | 格式化的数据 |
| | 施工进度计划 | |
| | 劳动力组织计划 | |
| 施工技术资料 | 施工方案和技术交流 | 文本 |
| BIM 数据 | BIM 数据 | 格式化的数据 |

(4)质量安全管理 BIM 模型的主要内容

质量安全管理所涉及的 BIM 模型的模型细度主要集中在施工过程阶段,具体见表 2-6。

表 2-6　　　　　　　　　　　质量安全管理模型内容

| 模型名称 | 模型内容 | 模型信息 | 备注 |
|---|---|---|---|
|  | 基坑临边防护、楼层周边防护、楼层临边防护、楼梯洞口防护、后浇带防护、电梯入口防护、电梯入口防护 | 几何尺寸、材质、产品信息、空间位置 | 面向洞口防护、临边防护布置 |
|  | 基坑临边防护、楼梯临边防护、楼梯洞口防护、后浇带防护、电梯井水平防护 | 几何尺寸、材质、产品信息、空间位置 | 面向楼层平面防护布置 |
| 垂直防护模型 | 水平安全网、外挑防护网 | 几何尺寸、材质、产品信息、空间位置 | 面向垂直防护布置 |
| 安全通道平面布置模型 | 上下基坑通道、施工安全通道、外架斜道 | 几何尺寸、材质、产品信息、空间位置 | 面向安全通道平面布置 |
| 脚手架防护 | 脚手架、脚手板、扣件、剪刀撑、扫地杆、密目网 | 几何尺寸、材质、产品信息、空间位置 | 面向脚手架布置 |
| 施工机械安全管理模型 | 施工电梯、起重设备、中小型机械、塔吊 | 几何尺寸、材质、产品信息、空间位置 | 面向施工机械安全管理布置 |
| 临时用电安全模型 | 配电室 | 几何尺寸、材质、产品信息、空间位置 | 面向临时用电安全管理 |
|  | 消防疏散分区 | 几何尺寸、材质、产品信息、空间位置 | 面向消防疏散分区管理 |
|  | 施工现场大门、施工现场标语、活动房 CI | 几何尺寸、材质、产品信息、空间位置 | 面向 CI 管理 |

**3. 质量安全管理典型 BIM 应用**

（1）图纸会审管理 BIM 应用

在质量管理工作中，图纸会审是较为常用的一种施工质量预控手段。图纸会审是指施工方在收到施工图设计文件后，在进行设计交底前，对施工图设计文件进行全面而细致的熟悉和审核工作。图纸会审的基本目的是：将图纸中可能引发的质量问题的设计错误、设计问题在施工开始前就予以暴露、发觉，以便及时进行变更和优化，确保工程项目的施工质量。

BIM 模型的虚拟建造过程将原本在施工过程中才能够发觉的图纸问题，在建模过程中就能够得以暴露，可以显著提升图纸会审工作的质量和效率。同时，采用 BIM 技术，建模过程中结合技术人员、施工人员的施工经验，可以很容易发现施工难度大的区域，在提前做好相应的策划工作的同时，彻底改变传统工作模式下"干到哪里看哪里"的弊端。在 BIM 模型完成后，借助碰撞检测和虚拟漫游功能，工程项目的各参与方可以对工程项目中不符合规范要求，在空间中存在的错漏碰缺问题以及设计不合理的区域进行整体的审核、协商、变更。在提升图纸会审工作的质量和效率的同时，显著降低了各参与方之间的沟通难度。

（2）专项施工方案模拟及优化管理 BIM 应用

现代工程项目在施工过程中涉及大量的新材料和新工艺。这些新材料和新工艺的施工步骤、施工工序往往不为技术人员、施工人员所熟知。传统工作模式下，大多依据一系列二维的图纸（平、立、剖面图）结合文字进行专项施工方案的编制，增加了技术人员、施工人员对新材料和新工艺的理解难度。

基于 BIM 技术对专项施工方案进行模拟，可以将各项施工步骤、施工工序之间的逻辑关系直观地加以展示,同时再配合简单的文字描述。这在降低技术人员、施工人员的理解难度的同时,能够进一步确保专项施工方案的可实施性。

传统工作模式与BIM工作模式两种工作模式下专项施工方案模拟及优化工作的对比见表2-7。

表2-7 两种工作模式下专项施工方案模拟及优化工作的对比

| | 传统工作模式 | BIM工作模式 |
| --- | --- | --- |
| 信息的表达方式 | 一系列二维的图纸+文字 | BIM模型+文字+施工模拟 |
| 理论依据 | 施工经验+规范 | 施工经验+规范+施工模拟 |
| 比选的难度 | 难度大且准确度有待论证,对技术人员和施工人员的专业水平要求高 | 计算机辅助比选,难度小,且准确度高 |
| 保障措施 | 专项施工方案需依据施工现场情况进行调整 | 依据施工模拟进行专项施工方案的编制,针对性强,可实施性好 |
| 施工现场管理 | 难度大,需要其他专业配合 | 计算机环境下进行事先规划,能够确保施工现场管理有序 |

(3)3D和4D技术交底管理BIM应用

技术交底可以使一线的技术人员、施工人员对工程项目的技术要求、质量要求、安全要求、施工方法等方面有一个细致的理解。便于科学地组织施工,避免技术质量事故的发生。传统工作模式下,大多依据一系列的二维图纸(平、立、剖面图)结合文字进行技术交底。同时,由于技术交底内容晦涩难懂,增加了技术人员、施工人员对技术交底内容的理解难度,造成技术交底不彻底,在施工过程中无法达到预期效果。采用BIM技术进行技术交底,可以将各施工步骤、施工工序之间的逻辑关系、现场危险源等直观地加以展示,同时再配合简单的文字描述,这不仅降低了技术人员、施工人员的理解难度,而且也能够进一步确保技术交底的可实施性。

(4)竣工及验收管理BIM应用

质量管理工作是整个工程项目管理工作中的重中之重。同传统工作模式相比,采用BIM技术的质量管理的显著优势在于:BIM技术可以对实际的施工过程进行模拟,并对施工过程中涉及的海量施工信息进行存储和管理。同时,BIM技术可以作为施工现场质量校核的依据。此外,将BIM技术同其他硬件系统相结合(如三维激光扫描仪),可以对施工现场进行实测实量分析,对潜在的质量问题进行及时的监控和解决。

**4. 基于BIM的施工现场质量安全隐患的快速处置**

以BIM模型为基础,将RFID、移动设备等为施工现场实时信息采集的工具,两者信息整合分析对比,实现对施工现场质量安全隐患进行动态实时的管理和快速处置,主要包括两方面:一方面是人员、机械等的实时定位信息在BIM模型中的可视化,另一方面是相关建筑构件等属性状态的实时信息与BIM信息数据库中安全规则信息对比反馈,通过现场监控中心可以及时地对隐患信息有个直观的认识,及时发出警告并通知施工现场相关人员及时进行事故隐患的处理,以达到减少或预防工程事故的发生。

施工现场质量安全隐患快速处置的相关人员包括项目经理、监理工程师、质检员、专职安全员以及施工作业人员,其职责分工见表2-8。

表 2-8 系统涉及使用主体及相关职责分析表

| 使用主体角色 | 主要职责描述 |
| --- | --- |
| 项目经理 | 统筹整个项目发展,安全管理第一负责人,质量安全管理方面负全面责任;总体领导与协调执行各项安全政策与措施,落实隐患整改;实行重大危险源动态监控,随时跟踪掌握危险源情况;强化重点部位专项整治,重点部位和重点环节要重点检查和治理;及时查看处理系统推送的资讯 |
| 监理工程师 | 加强提高自身质量安全管理素质;审查施工组织设计中专项施工方案安全技术措施等;监督施工单位对涉及结构安全的试块、试件以及有关材料按规定进行现场取样并送检;总监理工程师根据旁站监理方案安排监理人员在关键部位或关键工序施工过程中实施旁站监理,有针对性地进行检查,消除可能发生的质量安全隐患;进行巡视、旁站和平行检查时,发现质量安全隐患时,及时要求施工进行整改或停止施工,并及时采集相关信息并推送至系统 |
| 质检员 | 负责落实三检制度(自检、互检、专检),对产品实行现场跟踪检查,对不符合质量要求的施工作业有权要求整改、停工,并采集信息做好完整准确的资料保存;负责工程各工序、隐蔽工程的施工过程、施工质量的图像资料记录保存上传;质量事故分析总结,参与制定纠正预防措施,负责检查执行 |
| 专职安全员 | 重点检查施工机械设备、危险部位防护工作;发现安全隐患及时提出整改措施;重大危险源管理方案重点跟踪监测;对工程发生的安全问题及时汇总分析,提出改进意见;协助调查、分析、处理工程事故,及时采集信息存储报备 |
| 施工作业人员 | 严格遵守操作规程、施工管理方案的要求作业;一旦发现事故隐患或不安全因素,及时汇报消息并采取措施整改;接收到警告提醒及时离开不安全区域或及时采取措施整改 |

施工现场质量安全隐患的快速处置主要涉及两类事件:一是对于施工现场质量安全隐患或事故信息的及时采集;二是工程事故信息通知警报。其中,基于信息采集末端的工程质量安全隐患排查与处理以及工程事故处理流程是在传统流程的基础上,增加了移动设备进行拍照或信息采集并上传到 BIM 数据库,在实现与 BIM 模型同步的数据收集同时,可以及时推选相关责任人,及时进行隐患处理;一旦发生事故,迅速发出警告提醒,确保事故处理的及时性。

## 2.3.4 成本管理

**1. 施工成本管理概述**

成本管理除施工相关信息外,更多的是付诸计算规则、材料、工程量、成本等成本类信息,因此 BIM 造价模型创建者和使用者需要掌握国家相关计量计价规范、施工规范等。成本管理 BIM 应用实施根据成本管理工作的性质和软件系统的设置分为计量功能、计价功能、核算功能、数据统计与分析功能、报表管理功能、BIM 平台协作系统功能,BIM 成本管理应用范围如下:

(1)计量:BIM 软件根据模型中构件的属性和设置的工程量计算规则,可快速计算选定构件或工程的工程量,形成工程量清单,对单位工程项目定额、人材机等资源指标输出,是成本管理的基本功能。

(2)计价:目前有两种实现模式:一是将 BIM 模型与造价功能相关联,通过框图或对构件的选择快速计算工程造价;二是 BIM 软件内置造价功能,模型和造价相关联。计价模块也可对造价数据进行分类分析输出,同时根据造价信息反查到模型,及时发现成本管理中出现偏差的构件或工程。

（3）核算：随着工程进度将施工模型和相应成本资料进行实时核算，辅助完成进度款的申请、材料及其他供应商或分包商工程款的核算与审核，实现基于模型的过程成本计算，具备成本核算的功能。

（4）数据统计与分析：工程成本数据的实时更新和相关工程成本数据的整理归档，可作为 BIM 模型的数据库，实现企业和项目部信息的对称，并对合约模型、目标模型、施工模型等进行实时的对比分析，及时发现成本管理存在的问题并纠偏，实现对成本的动态管理。

（5）报表管理：作为成本管理辅助功能，一方面实现承包商工程进度款申报、工程变更单等书面材料的电子化编辑输出，一方面将成本静态及动态控制、成本分析数据等信息以报表的形式供项目部阅览和研究。

（6）BIM 平台协作：与 BIM 数据库相关联，实现对工程数据的快速调用、查阅和分析；对成本管理 BIM 应用功能综合应用，实现项目部和有关权限人员数据共享与协调工作，促进传统成本管理工作的信息化、自动化。

综上，BIM 各功能模块将 BIM 模型同 BIM 应用相关联，BIM 成本管理应用系统功能构成如图 2-15 所示。

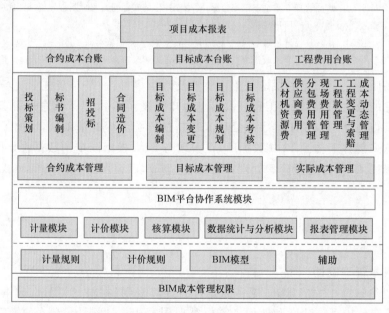

图 2-15 BIM 成本管理应用系统功能构成

**2.基于 BIM 的投标阶段成本管理**

投标阶段成本管理工作界面从投标决策开始，到签订合同结束，主要由施工企业层负责实施。基于 BIM 的成本管理在投标阶段主要有投标决策、投标策划、BIM 建模、模型分析、编制投标文件、投标、签订合同工作，其中 BIM 建模和模型分析为新增工作，投标策划、投标决策支持、编制投标文件及签订合同为 BIM 改善型工作。投标阶段的主要工作是编制投标文件，通过建立 BIM 模型，可较好地辅助商务标与技术标的编制和优化。

（1）模型创建

投标模型是承包商参与工程项目的第一个模型，也是后期模型转化的基础。投标模型的形成有两种途径，一是根据施工图纸由各专业工程师完成各专业建模，并由 BIM 工程师整合形成基础模型，然后造价工程师将其深化到自身需求的程度，同时对成本信息补充；二是由甲方模型进行转化并由BIM工程师审核后由造价工程师将其转化为初步投标模型，初步的投标模型是后续模型基础，由于目前施工仍以施工图为主导，各方建模习惯思维会导致模型的差异，因此目前采用第一种方式居多，而模型的转化方式和规则也会因为采用不同的软件而不同。通过各专业软件BIM模型的共享，土建、钢筋和安装不必重复建模，避免数据的重复录入，加强各专业的交流、协同和融合，提高建模效率，把节省的人力和时间投入到投标文件的编制中。

（2）编制商务标

BIM模型通过项目基础数据库自动拆分和统计不同构件及部门所需数据，并自动分析各专业工程人材机数量，快速计算造价工程师所需各区域、各阶段的工程价款：一是说明各子项目在成本中的重要性比例；二是对暂估价以及不确定性的模拟优化可预测，为投标决策提供依据。BIM模型中各构件可被赋予时间信息，结合BIM的自动化算量、计价功能以及BIM数据库中人工、材料、机械等相关费率，管理者就可以拆分出任意时间段可能发生的费用。

综上，在工程计价方面，BIM造价同传统造价的差异可总结为将基于表格的造价转变为基于模型构件的造价，将静态的价格数据转变为动态的市场价格数据，此种工作方式和工作思维的转变也成为动态管理和精细化管理的基础。

（3）编制技术标

利用BIM软件将整合的模型和技术标项目的书面信息相关联，并将这些书面文件形象化展示。由于BIM模型较为形象，细致表现建筑物不同系统（结构、电气、暖通等）构件信息，可直接服务于建筑施工。通过碰撞检查、4D施工模拟、三维施工指导等方式说明工程存在的问题，对不同系统构件进行冲突分析、施工可行性分析、能耗分析等。通过信息化手段将自身的技术手段形象化展现于评标专家的面前，提高技术标分数，提升项目中标概率。

BIM投标模式的推广能够促进各承包商提高自身技术手段，改变传统低价中标、利润靠索赔的盈利方式。BIM软件对于技术标的主要BIM应用有项目可视化展示、碰撞检测、施工模拟、安全文明施工等。

（4）投标文件优化

投标文件的优化是在商务标编制和技术标编制后，将两者相联系：一是根据编制过程中的问题实施自身的报价策略；二是实现商务标和技术标的平衡，形成经济合理的项目报价。优化取决于信息、复杂程度和时间三个要素：BIM模型提供了建筑物几何、物理等准确信息；复杂程度是工程施工及方案的难度，通过模拟和工程数据库确定施工方案同成本的平衡；时间是由于投标时间紧张，要在建设单位规定时间内完成有效合理的投标文件。

BIM应用对报价策略的实施：①BIM造价软件同基础BIM数据库关联，把投标项目同数据库类似项目对比，形成多个清单模型，实现成本对比分析，确定计价的策略和重点；②对在碰撞检测中统计的潜在错误及施工方案的风险，并综合考虑标准定额和企业定额，有针对性地进行投标报价策略的选择；③对成本中各专业、各工程子项目、各工程资源自动化、精细化对比分析，为不平衡报价提供辅助，预留项目利润，编制商务标；④通过技术标编制过程中存在的问题，优化施工方案、施工组织，尤其是对施工难度比较大和施工问题比较多的设计施工方案的优化，改进工期和造价，并在施工模拟过程中统计可通过管理降低的工程成本；

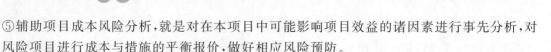

⑤辅助项目成本风险分析,就是对在本项目中可能影响项目效益的诸因素进行事先分析,对风险项目进行成本与措施的平衡报价,做好相应风险预防。

**3. 基于BIM的施工准备阶段成本管理**

目前施工准备阶段成本管理与施工组织相脱离、资源管理与项目需要相脱离,目标责任不清晰,成本计划不准确,可执行性差,导致成本管理措施无法有效实施。BIM成本管理的应用以BIM流程和相关BIM应用为基础,做好成本管理同施工组织相关知识领域联系,通过目标模型和成本目标责任书明确成本责任,最终使项目和个人的目标成本能够融入项目建设与管理过程中。实质是通过BIM做好项目策划,在BIM辅助下实施施工准备,通过赋予BIM模型内各构件时间信息,利用自动化算量功能,输出任意时间段、任一分部分项工程细分其的工程量;基于工程量确认某一分部工程所需的时间和资源;根据BIM数据库中的人材机价格及统计信息;由项目管理者安排进度、资金、资源等计划,进而合理调配资源,并实时掌控工程成本,具体要做好优化施工组织设计、编制资源供应计划、明确成本计划与成本责任以及分包管理四方面工作。

(1)优化施工组织设计BIM应用方法

通过BIM软硬件虚拟施工,实现对施工活动中的人、财、物、信息流动的施工环境三维模拟,为施工各参与方提供一种易控制、无破坏、低耗费、无风险且能反复多次的实践方法,实现提高施工水平、消除施工隐患、防止施工事故,减少施工成本及工期,增强施工过程中决策、优化与控制能力的目的。通过BIM技术手段减少或避免项目的不必要支出,提高对不可预见费用的控制,增强承包商核心竞争力。

施工方案的优化:①对投标阶段技术标进行深化,注重施工的可行性和经济性,通过BIM工程数据库对同类工程项目的特定工序进行多方案的施工对比与施工模拟,从中选择经济合理、切实可行的施工方案;目前在项目基坑开挖、管道综合布局、钢结构拼装、脚手架的搭建与分析等施工方案都可通过BIM模型在相应软件中实现优化。②将施工方案所设计的BIM模型导入相关BIM应用的模型中,通过对方案的模拟发现其中的难点、不合理的地方及潜在的施工风险,并通过对模型和方案的修改研究实现相应的预防解决方案。

施工部署则是利用管理的手段,通过BIM实现对施工现场及施工人员的部署。通过在BIM中将各建筑物和道路等施工辅助构件进行合理的现场部署,形成合理的施工平面,形成科学合理的场地及施工区域的划分,确保合理的组织运输,并在确保生产生活便利的情况下,尽可能地充分利用现场内的永久性建筑物和临时设施,进而减少相关费用的支出,因此BIM应用的实施要点即将平面图中的建筑物与施工过程相结合,确定好施工辅助器具及相关厂房以及临时设施的布置,形成便于施工且无须频繁改变的施工平面布置。

在确保质量、工期的前提下,对进度、资源均衡的优化,这种多维、多目标的优化是以精确工程量为基础的,此工程量包括实体工程量和临时性工程量。BIM环境下通过以下方式实现工程资源和工期的优化:①将实体、临时性、措施性的项目进行建模,通过计算的工程量、工程数据库指标以及优化后的施工部署确定施工计划,输出各施工计划内的资源需求量;②将模型构件与施工工序关联,实现工期同工程量及资源数据的关联;③将BIM输出的工期、资源数据导入Project软件进行工期、资源均衡的优化,确定最优工期和项目施工工序及关键线路;④将施工工序和最优工期输入BIM施工准备模型,重新计算各施工段工程量,并进行施工模拟,输出各工程节点的工程量、成本、资源数据曲线及统计表;⑤将编制的进度计划表导入 BIM 软件的进度计划模块,实现建筑构件与进度数据的关联设置,进行虚拟建造。

（2）编制资源供应计划 BIM 应用方法

基于 BIM 的资源供应计划有两方面的含义:一是在进行资源采购和调配的过程中,随工程进度合理采购和调配工程资源;二是对工程建设项目采取定额领料施工制度。两层含义的实质都是合同性资源采购与调配严格控制资源数量,非合同性资源通过鲁班 BIM 中的材价通软件根据特定材料的实时价格采取采购策略,将采购策略与市场接轨。

BIM 为编制资源计划提供相应的决策数据,相关辅助部门在 BIM 的辅助下做好阶段性所需资源的输入和管理规划。资源供应计划 BIM 应用步骤:①将优化的工期与模型关联并调入造价及下料软件;②输出各阶段工作所需资源统计表,采购部按材料统计表制订采购计划,明确各阶段采购数量、运输计划、检验检测方法及存储方案;③工程部根据人力需求明确各工序人员数量,确定劳务分包及自有劳务人员的生产活动安排,基于 BIM 模拟合理布置工作面和出工计划;④机械设备根据需求合理安排施工生产,对于租赁的机械设备做好相应的调度和进出场时间安排,做好机上人员与辅助生产人员的协调与配合规划。

（3）确定成本计划与成本责任 BIM 应用方法

在成本管理计划的 BIM 应用核心是算量计价,工作核心是制订科学有效的成本计划与资金计划,并且做好成本责任的分配与考核准备工作。

科学有效的成本计划即能够同施工计划、资源计划等相关信息协同工作,实现相对平衡的成本支出与资金供应计划。通过 BIM 模型将成本同其他维度信息相关联,并优化不同信息维度。通过工期资源优化,利用 BIM 模型输出较为合理的成本计划:①对阶段性工作构件输出工程量及成本,通过在 BIM 模型中呈现相关工作,并将这种临时性的工作成本折算计入实际成本,以综合单价工作包的形式形成成本计划,避免重复的算量计价工作;②施工模型每个工作面及构件形成相应的综合计划成本,并输出各子项目和人材机等生产要素的计划成本;③根据各类成本重要性及指标库所提供的弹性范围确定成本计划的质量和效益指标,确定阶段性成本控制难点和要点,制定针对性成本控制措施;④输出不同类型成本汇总表供施工过程参考对比,形成各部门及其负责人成本控制目标成本。

（4）分包管理 BIM 应用方法

在分包管理过程中,BIM 应用首先要确定合理的分包价格,并进行实时的计量结算:分包价格的确定可通过目标成本模型对分包工程成本进行核算,同 BIM 工程数据库分包项目的对比分析,确定合理的分包价格和工程工期,并以此为标底进行分包项目的招标和分包商的选择;确定分包商后,转化形成分包 BIM 模型,在分包工期与资金的弹性范围做好分包项目实施,同时做好对分包工程计价和工程进度工程款的支付工作。

**4. 基于 BIM 的施工阶段成本管理**

施工阶段成本管理表现为对不同对象、要素工作的全方位、全范围的整合管理。施工阶段 BIM 成本管理依据是成本管理工作任务分工表、各类 BIM 工作流程及项目管理制度。施工阶段随着项目实体由于进度、变更等原因的改变,BIM 模型必须不断更新并与实际施工保持一致。施工过程至少有三种模型:一是进行施工协调和方案模拟的模型;二是承包商基于目标成本的施工模型;三是同甲方进行结算的模型。后两者的区别主要是采用定额和计价价格数据的区别。

施工阶段 BIM 应用同工作活动间的关联性多,BIM 的辅助有两点:通过运用 BIM 软件对施工组织的辅助优化;对数据的收集与处理,是通过信息化系统对项目实现综合性和实时性掌控。本节从成本控制、成本分析与考核、成本动态管理三方面分析施工阶段基于 BIM 的成本管理方法,成本控制偏重对 BIM 应用可视化、数据采集以及模拟功能的应用方法,成本核算与分析以及成本考核偏重对 BIM 系统数据的处理和应用。

(1)施工阶段基于 BIM 的承包商成本控制方法

施工阶段将 BIM 应用分为资源消耗量控制和计量结算工作 BIM 应用点分析。控制资源消耗量按工作性质分为间接资源消耗控制与直接资源消耗控制:间接资源消耗控制是通过对方案优化或沟通协调对资源节约控制;直接资源消耗控制是采取措施减少资源用量。

①间接资源消耗控制 BIM 应用方法

间接资源消耗控制主要对那些同成本管理相关联项目知识维度的控制,包括对进度、施工技术方案等优化和工程协调与信息共享工作:前者通过技术手段减少成本的支出,包括施工可视化、施工方案模拟优化、质量监控、安全管理、模型更新等工作;后者通过管理手段减免不必要的项目管理工作和由于沟通不畅而造成对实体工作的影响,主要有数据收集与共享、3D 协调等应用。

②直接资源消耗控制 BIM 应用方法

直接资源消耗控制基本思想就是施工精细化管理,核心是理清资源、工程量、价格及资金流对应部门间的逻辑关系,并在施工过程中按资源管理制度严格控制,进而达到控制成本的目的。BIM 资源管理则是根据模型和资源数据库提供完成合格工程的资源量及资源使用方案,精细化地提供建筑构件的资源量。不同部门资源管理的侧重与管理方式不同,成本合约部门注重对通过工程量实现对资源数量的控制,采购部门负责对资源价格和供应的控制,工程部负责对资源消耗量的控制,财务部门负责资金回收与支出,形成准备—采购供应—消耗—反馈的闭合过程。因此,施工阶段不同,部门也应该根据自身工作的侧重运用 BIM 实现对资源的管理控制。

③成本合同外工作 BIM 应用

成本合同外工作是指对项目建设过程中出现的变更、签证、索赔等对合同条件发生改变的管理工作,这些工作会对工期、工程量、工程款等合同实质性内容发生改变。实施应用体现为通过 BIM 确定合同外工作工程量价并在确认后对施工模型实时更新修改。以工程变更 BIM 应用为例:通过 BIM 算量计价软件,对变更方案进行空间与成本的模拟,了解变更对进度、成本等的影响,然后选择合理的变更方案;对于承包商自动检测发生变更的内容并直观地显示成本变更结果,及时计量和结算项目变更工程价款,替代传统烦琐而无准备的通过手动对变更的检查计算;出现索赔事件,通过 BIM 模型及时记录并做好索赔准备,通过计量算价和施工模拟等功能实现对工期、费用索赔的预测,并实施索赔流程。

④计量和结算管理 BIM 应用

工程的计量与结算是对资源消耗成本化的过程,成本控制的核心阶段与工程结算和成本动态控制的基础,体现为不同参与者之间资金的流动,因此,此阶段 BIM 实施的核心工作是工程计量与结算,具体有工程计量、价款结算的核对与统计及相应阶段资金管理。下面分别对工程计量、工程结算和工程资金管理三个方面的应用进行描述。

在工程计量 BIM 应用方面,工程计量是工程参与各方对合同内和合同外工程量的确认,承包商计量工作包括外部对自身工程的计量以及自身对分包工程的计量,两个工作过程相似,BIM 应用是在对工程量测量后,将测量结果导入算量模型;对比施工模型、目标模型等不同模型工程量;对存在的偏差工程量进行研究,并同建设单位进行确认;在完全确认后通过 BIM 系统完成向造价工程师的信息传输。

在工程结算 BIM 应用方面,工程结算是对实际工程量进行计价,将工程实体转向货币化,按照合同约定的计量支付周期确认工程量后由造价工程师结算,BIM 实施流程:造价工程师以造价资料为依据对投标模型、目标模型和施工模型工程量的属性修改,选择计价区域并自动化计价,对工程造价的快速拆分与汇总,输出工程量报价和工程价款结算清单;BIM 输出结算周期内的工程款支付申请,经相关审核程序后由财务部同甲方进行进度款支付申请和结算;建设阶段通过 BIM 系统中模型和支付申请核准工程阶段价款;根据分包模型及资料进行分包结算,分包结算过程是在分包工程质量合格的基础上准确计量工程量,按分包合同进行进度款的结算与支付;在相应项目结算后将相应的实体、时间和成本在施工模型中更新,并上传至 BIM 系统数据库,完成对成本数据的动态收集;将 BIM 系统通过互联网与企业 BIM 系统对接,总部成本部门财务部门可共享每个工程项目实际成本数据,实现总部与项目部的信息对称,加强总部对项目部成本的监控与管理。

在工程资金管理方面 BIM 应用的要点包括:基于模型对阶段工程进度精确计量计价确定资金需求,并根据模型支付信息确定当期应收,应付款项金额;进行短期或中长期的资金预测,减少资金缺口,确保资金运作;通过 BIM 系统对各部门具体项目活动进行资金申报与分配的精确管理,财务部门根据工作计划审核各部门资金计划;通过 BIM 模型实时分析现金收支情况,通过现金流量表实现资金掌控。

(2)施工阶段基于 BIM 的承包商成本分析与考核方法

①施工阶段承包商成本分析 BIM 应用方法

成本分析的基础是成本核算,成本核算是在结算的基础上对施工建设某阶段所发生的费用,按性质、发生地点等分类归集、汇总、核算,形成该阶段成本总额及分类别单位成本,BIM 成本分析包括:通过 BIM 模型对成本分类核算,并上传至 BIM 系统;对合同造价、目标成本、实际成本所对应的合约模型、目标模型、施工模型对比,形成对总价、总偏差、阶段偏差等方面对比分析输出;从时间、工序、空间三个维度多算对比,及时发现存在的问题并纠偏;通过 BIM 系统成本分析模块,项目参与人员可以对项目任意拆分汇总,系统能够自动快速计算所需工程量,自动分析并输出图表;由于在 BIM 中实现了资源、成本与项目实体构件的关联,快速发现偏差的施工节点,通过施工日志对相应节点进行偏差分析;问题体现为成本阶段性偏差与总偏差,并提供成本超支预警;通过对数据分析的辅助发现成本偏差的根本原因;成本原因分析,根据工作任务分工表确定责任部门及责任人,通过 BIM 软件的优化或模拟和评价,改进方案的可行性与经济性;采取调控措施,对相应偏差负责部门发出调控通知表的方式督促其进行成本偏差的调整。

②施工阶段基于 BIM 的承包商成本考核分析,施工阶段成本考核由项目部办公室负责,根据管理及考评制度、成本目标完成情况进行奖惩。BIM 的应用方法主要是通过数据为考评提供决策依据。

(3)施工阶段基于 BIM 的承包商成本动态管理方法

成本的动态控制以成本计划和工程合同为依据,动态控制成本的支出和资源消耗。此

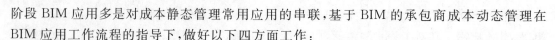

阶段 BIM 应用多是对成本静态管理常用应用的串联,基于 BIM 的承包商成本动态管理在 BIM 应用工作流程的指导下,做好以下四方面工作:

①现场成本及其相关数据的动态收集

通过移动端和 WEB 端 BIM 应用数据统计输入等方式实现对现场数据的动态采集,具体采集方式按施工质量、资源控制等维度步骤进行。需要明确的是采集的数据首先传输至负责该部门成本信息管理与处理的 BIM 工程师,由其审核、处理后转入 BIM 系统平台共享。

②成本数据的实时处理与监控

通过对收集的数据由 BIM 系统自动化处理并实现项目参与者实现对自身权限内进度、成本及资源消耗等成本信息的实时监控,通过资源管理与跟踪、工程量动态查询、进度款支付与控制以及索赔变更统计等功能模块及时发现施工资源与成本管理的矛盾和冲突。应用的核心是 BIM 系统的数据分析、多算对比及动态模拟功能模块应用。

③成本调控策略制定

在对成本数据处理、出现监控预警后进行动态调控,通过追踪偏差部位进行成本偏差原因分析,并形成调控意见输出成本预警单,通过 A、B、C、D 划分说明调整的迫切程度。将成本预警通知单下发至相应部门,根据成本偏差额度在 BIM 模型中分析调控方案,形成具体的调控策略并执行。

④成本调控策略的跟踪实施

成本调控策略的跟踪实施一方面是通过 BIM 系统实现对成本调控策略实施效果的监控,另一方面是实现资源、进度计划、成本的同步调整和实施。此时的 BIM 实施多是对前面各阶段 BIM 应用的重复运用。

**5. 基于 BIM 的竣工阶段成本管理**

对工程项目的交接,通过确认最终工程量对工程价款结算,BIM 可进行竣工结算资料的编制和合同争议的处理;工程总结包括项目部和施工企业两个层次,主要是对成本过程进行分析与考核,通过知识管理形成项目数据库。

在最终结算文件的编制过程中,BIM 实施如下:①运用 BIM 的算量计价软件根据 BIM 模型和过程结算资料输出竣工结算工程量和工程价款统计表;②通过 BIM 模型确认竣工结算过程中整个施工过程的工程量,并对各项成本进行核算分析;③通过结算资料同竣工模型的对应,检查是否有缺项漏项或重复计算,各项变更或索赔等费用是否落实;④通过 BIM 系统随施工过程所输出的电子档案,整理形成符合建设单位要求的竣工结算文件;⑤通过施工日志和施工模型的辅助,实现对争议事件的回顾与分析,促进甲乙双方对争议事件的解决。

竣工结算后承包商需要通过竣工模型转化为运维模型并交付于建设单位,一方面方便业主根据各种条件快速检索到相应资料,提升物业管理能力;另一方面以运维模型进行缺陷责任期对建筑项目的维护与保修,制订切实可行的工程保修计划,并在竣工结算时合理预留工程保修费用。

BIM 知识管理是以 BIM 数据库的形式体现形成工程指标库,实施如下:将各阶段工程资料电子档案同对应模型关联后上传 BIM 系统;通过 BIM 系统对模型数据按系统类别分解、指标化分析,归纳进入所属数据库实现钢筋等资源消耗、同类工程成本估价等应用;类似工程通过对同类工作和指标参考,为后续项目各阶段决策与管理工作提供建议。

62

目前承包商知识管理刚刚起步,BIM 数据库可参照工程很少,在实施过程中最大的难点是一个模型难以定义不同阶段的数据信息,需通过多个模型展现,一方面存储难度大;另一方面多算对比需要调用若干模型,若操作不便,导致施工过程中模型改变备份,增加模型创建工作量,也导致数据的对比分析操作较为复杂。因此实现同一模型中对同一构件通过数据库后台存储,实质就是通过构件编码实现对同一构件基于时间和类型的存储,通过一个模型实现对其不同阶段数据的应用。知识管理的快捷实现仍需要软件和知识管理理念的推动发展。

# 2.4 BIM 在运维阶段的应用

## 2.4.1 建筑全生命周期的基本概念

传统上理解的建筑全生命周期是包括规划、设计、施工、运维及拆除在内的一个时间周期,在整个周期内贯彻信息化协作,这是 BIM 的一个最基本的理念。置于 BIM 语境下,我们可以将整个时间周期以竣工为界划分为"虚拟的建筑"和"物理现实的建筑"两个大阶段。

前者相当于建设过程,以处理虚拟建筑模型结合建筑原材料为主要的 BIM 运作方式,后者则是运维过程,以处理虚拟建筑模型结合建筑物整体为主要的 BIM 运作方式。两个过程的基本逻辑关系是:运维是为最终用户服务的,建设是为了运维服务。

既然所有的建设是为了运维,那么在建设之前就应该出现一个"运维向建设提需求"的过程,特别是 BIM 的数据需求(Data Requirement)就在此阶段提出。这里的运维前置实际上是建筑的本性(Nature of Building),但是在国内传统的"重建设、轻管理"的时代被忽视了,此处的管理即指运维管理,只有少数开发商项目实现了部分的"物业前置",即物业在竣工之前的一段时间就进场准备接收。在这种理念之下,我们就得到一个全生命周期信息协作的新模式。

著名的 BIM 建筑设计公司 HOK 总结了在这种协作模式下的流程总图,表达了建筑前期需求—建设期间的 BIM—建成后的工作空间管理系统三者之间的信息互操作关系。对此逻辑关系的解释是:建筑信息的全生命周期始于前期需求策划(POR,Program of Requirement)和那些让这个策划方案(Program)得以能够指导后续设计过程(Feed the Design Process)的详细信息。为了更有效率地工作,这个过程必须注重这些信息——这些经由整个设计、施工、调试和占用过程而开发出来的信息,确保某一环节的信息能够更好地被其他环节所利用。最终这些信息都汇入一个综合运维管理平台 IWMS(Intergrated Workplace Management System)。

当然这是信息化业已高度发达的社会所采用的流程,以国内现实情况来看这还是一个理想状态,但是这种理想状态所需要的方法、技术和工具都已经很完备了,国内可以完整地引入,从而可能引发整个行业的流程变革(BPR,Business Process Reengineering),尤其是运维与建设之间的流程关系,这就是 BIM 技术所带来的特有的效应。

## 2.4.2 运维的基本概念

国外的运维管理已经成为一个专门的学科体系，称之为 FM 体系（Facilitiy Management），但是这个术语不可直译为设施管理（容易与国内的设备设施管理混淆），故以下我们都使用其英文简称 FM。在行业划分上，FM 与建设行业并称为 AEC/FM 产业，大致上相当于中国的建筑业和物业等产业的综合，是国民经济的重要组成部分（占据中国 GDP 约 1/6 的比重）；在专业教育体系上，是建筑技术、工程管理、企业管理、运筹学、计算机科学等多专业领域的交叉学科；在企事业单位管理中，它通常是一个由行政后勤、基维和运维、空间资产等职能组成的专业职能部门，与财政部、人事部、IT 部门并列属于企事业机构的内部支持服务的业务组团。近半个世纪以来，FM 已经逐渐发展成为一个高度整合的建筑全生命周期管理模式，FM 相关知识领域的关系图如图 2-16 所示。BIM 在 FM 领域中的应用一般被称为"BIM＋FM 解决方案"。

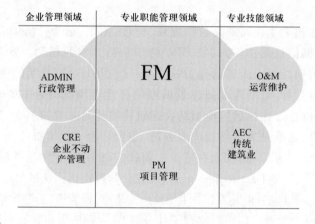

图 2-16 FM 相关知识领域的关系图

我们将全社会的运维对象划分为如图 2-17 所示的类型，最后列举每种类型相应的服务形态：

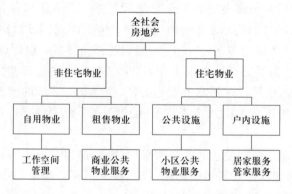

图 2-17 全社会的运维对象划分

自用物业是国外典型的采用 FM 管理模式的领域，公共物业服务也参照这种模式简化操作，实际上在租售物业中的租户辖区内实际上也属于自用物业（相对于这个租户来说是自用，相对于开发商来说是租售）。相比于国外较为稳定的市场结构来说，国内行业还正处于剧烈的演化过程,目前是以住宅小区物业管理为主要形态,正在多方面借鉴先进管理理念和方法。这些对象就是"BIM＋FM"的主要业务对象。

运维并不总是与建设项目相关,相比于建设行业的鲜明的项目管理特征来说,运维管理更多的是处于某些企事业单位的机构组织管理中,于是建设与运维的行业主体视角就有巨大的不同。

从企业管理角度去看建筑业的情形是:一个在建工程只是企业所管理的不动产资产盘子(Protfolio)中的一部分,而对于建筑业来说,这个工程就是项目的全部。我们需要在建筑设施角度和企业管理角度之间来回切换,才能更好地理解设施运维管理。

### 2.4.3　BIM 在运营维护中的应用

《BIM 手册》总结了在运维中应用的价值空间:从手工管理提升到计算机工具进行管理,再进一步提升到使用 BIM 技术管理,这两个提升空间在发达国家是分两个历史阶段分别完成的,而对于中国尚未充分发展起来的运维行业来说(具体表现之一就是信息化水平非常低),也有可能是一次性实现,这将会是一次巨大的技术带动产业升级。

BIM 在运维中的应用在一定程度上取决于运维管理软件的发展,国内在这方面很发达,一般称为 CAFM(Computer-Aided Facility Management)软件行业,这是与 CAD(Computer Aided Design)同时期诞生的术语,目前较新的术语则是 IWMS(Integrated Workplace Mangement System),而国内受制于管理模式尚未成熟,普及率、信息化水平较低等制约因素,导致这个软件细分市场还没有很好地成长起来。

BIM＋FM 的解决方案受软件平台、技术专家和管理顾问的水平制约较大,通常需要技术力量较强的三类专家(BIM 技术专家,拥有 FM 开发经验的 IT 开发专家,FM 管理顾问)才能够确保项目成功,这导致市场上可以直接采用的成熟解决方案较少,在客户不同等级的预算水平和目标水平上可选择性都不多。

纵观国内市场上各种可行的技术方案,比较可能成功实施的主要有以下三类:

(1)成熟 FM 平台＋BIM 模型(上海申都大厦);

(2)自行开发 FM 平台＋BIM 模型(上海金桥开发区五维园区平台);

(3)基于 BIM 模型技术开发 FM 平台(上海碧云社区市政维护管理系统)。

以下简介主要以第一种成熟技术为例进行介绍。成熟技术包括两方面:

(1)成熟的 BIM 平台,以 Autodesk 公司 Revit 为例;

(2)成熟的运维管理平台,以 ARCHIBUS 平台为例。

ARCHIBUS 平台是 B/S 结构的,即一般业务用户只需要浏览器就可以访问数据库和进行业务操作,所有数据和应用程序都在服务器上。

ARCHIBUS 的功能模块基本上代表了国外的 FM 管理模式,凡能够被信息化的管理职能在软件中均有体现,其数据结构、可扩展性、可靠性和功能完整性都已经达到了很高的成熟度。

Revit 与 ARCHIBUS 的集成方法:ARCHIBUS 专门为 Revit 开发了插件,供 BIM 的使用者随时与运维平台之间进行数据的互操作。在 Revit 与 ARCHIBUS 之间,可以通过这个插件进行数据的双向操作。

这种利用插件进行数据传递的做法在30多年前就出现过：ARCHIBUS在1983年最早期的版本就有针对AutoCAD的插件，以方便建筑设计与运维管理之间的数据相互操作，只不过图形使用的是平面图，这可以理解为一种"二维的BIM"。而到如今的BIM时代，即使原始模型是三维的，在进入空间管理日常操作的界面时，还仍然是以使用二维平面为主。在ARCHIBUS空间管理模块中查看空间图形和数据。

来自BIM模型的空间数据进入ARCHIBUS之后，极大节省了数据录入的工作量。原先进行这种数据初始化的工作量巨大，经常导致使用单位望而却步。此处的图形格式采用的是Adobe公司的Flash技术，这个技术允许在网页中展示图像、并与数据库进行互动操作。

在Revit软件中也可以调用来自ARCHIBUS网络数据库的设备数据，其中的设备照片与数据都是存储在ARCHIBUS数据库中，被Revit通过插件调取出来。此处是调用的ARCHIBUS交付功能验证模块，当一台设备被设计时应当具备的性能都已先期植入在ARCHIBUS数据库中，虽然有些经验数据来自于此机构在这个工程项目开展之前的若干年积累而得，但是在设计、采购和施工过程需要不断比对这个设计目标，就需要在Revit中调用运维平台的数据。

### 本章小结

本章主要介绍了BIM在项目前期规划阶段的应用，包括：工业和民用建筑、轨道交通和道路桥梁等领域；BIM在设计阶段的应用，包括：参数化设计、协同设计、碰撞检查及工程量和成本估算等；BIM在施工阶段的应用，包括：建筑施工场地布置、施工进度管理、施工质量安全管理和成本管理等；BIM在运维阶段的应用，包括：建筑全生命周期的基本概念、运维的基本概念和BIM在运营维护中的应用等。

### 思考与练习题

2-1　什么是"协同设计"？其本质是什么？

2-2　在设计阶段使用碰撞检查的意义是什么？其使用范围包括哪些方面？

2-3　BIM技术场地布置与传统场地布置的区别？

2-4　基于BIM技术实施进度管理的主要内容包括哪些？

2-5　BIM技术在工程成本管理上有哪些应用范围？

2-6　建筑全生命周期的概念是什么？如何理解？

2-7　如何将BIM技术运用在建筑运维方面，有哪些应用点？

# 第3章

# BIM——未来已来

本章要点和学习目标

**本章要点：**

(1)BIM 与建筑工业化的概念和特点，产业化住宅的概念，BIM 在建筑工业化中的应用。

(2)BIM＋VR、BIM＋GIS、BIM＋3D、BIM＋RFID、BIM＋3D 激光扫描和 BIM＋云技术等的拓展应用。

(3)"智能建造"是建筑业的发展方向之一，智能建造与提高就业技能间的关系。

**学习目标：**

(1)了解 BIM 与建筑工业化概念和特点、BIM 在建筑工业化中的应用。

(2)了解 BIM＋VR、BIM＋GIS、BIM＋3D、BIM＋RFID、BIM＋3D 激光扫描和 BIM＋云技术等的拓展应用。

(3)了解建筑业的发展方向是"智能建造"，学习智能建造知识与提高就业技能间的关系。

## 3.1 BIM 与建筑工业化

我们知道，BIM 在不同阶段的应用都发挥了巨大的作用，提高了设计、施工、运维的实施管理效率，降低成本。但目前全过程 BIM 应用环境仍然是传统的建造模式，虽然 BIM 改变了部分设计、施工、运维的过程，但是并没有改变建造过程的本质。

我国推行的建筑工业化改变了传统的建造模式，在这种集成化设计、工业化生产、装配化施工、一体化装修的现代化建造方式下,BIM 是否仍然有价值? 或者说 BIM 可否与建筑工业化进行一次完美的融合? 答案是肯定的,通过本节的学习,我们可以了解到 BIM 与建筑工业化的完美结合及其重大作用与价值。

### 3.1.1 建筑工业化概述

**1. 建筑工业化的概念和特点**

(1)建筑工业化的概念

建筑工业化是随西方工业革命出现的概念,工业革命令造船、汽车生产效率大幅提升,随着欧洲兴起的新建筑运动,实行工厂预制、现场机械装配,逐步形成了建筑工业化最初的理论雏形。"二战"后,西方国家亟须解决大量的住房,而在劳动力严重缺乏的情况下,为推行建筑工业化提供了实践的基础,因其工作效率高而在欧美国家风靡一时。1974 年,联合国出版的《政府逐步实现建筑工业化的政策和措施指引》中定义了"建筑工业化":按照大工业生产方式改造建筑业,使之逐步从手工业生产转向社会化大生产的过程。不同的国家由于生产力、经济水平、劳动力素质等条件的不同,对建筑工业化概念的理解也有所不同,见表3-1。

表 3-1 不同国家对建筑工业化的理解

| 国家 | 对建筑工业化的理解 |
|---|---|
| 美国 | 主体结构构件通用化,制品和设备的社会化生产和商品化供应,把规划、设计、制作、施工、资金管理等方面综合成一体 |
| 法国 | 构件生产机械化和施工安装机械化,施工计划明确化和建筑程序合理化,进行高效组织 |
| 英国 | 使用新材料和新的施工技术,工厂预制大型构件,提高施工机械化程度,同时还要求改进管理技术和施工组织,在设计中考虑制作和施工的要求 |
| 日本 | 在建筑体系和部品体系成套化、通用化和标准化的基础上,采用社会大生产的方法实现建筑的大规模生产 |

从表 3-1 可以发现,虽然各个国家对于建筑工业化的定义侧重点不同,但是基本上都包含了标准化设计、工厂化生产、机械化施工和科学化管理等特点,并逐步采用现代科学技术的新成果,以提高劳动生产率、加快建设速度、降低工程成本、提高工程质量。目前建筑工业化体系主要有大板建筑、框架轻板建筑和大模板建筑等。

①大板建筑

大板建筑是指使用大型墙板、大型楼板和大型屋面板等建成的建筑,其特点是除基础以外,地上的全部构件均为预制构件,通过装配整体式节点连接而成。

②框架轻板建筑

框架轻板建筑是以柱、梁、板组成的框架承重结构,以轻型墙板为围护与分割构件的新型建筑形式。其特点是承重结构与围护结构分工明确,空间分割灵活、整体性好,特别适用于具有较大建筑空间的多层、高层建筑和大型公共建筑。

③大模板建筑

大模板建筑是指其内墙采用工具式大型模板现场浇注的钢筋混凝土墙板,外墙可以采用预制钢筋混凝土墙板、现砌砖墙或现场浇注钢筋混凝土墙板。其特点是整体性好、刚度大、劳动强度小、施工速度快、不需要大型预制厂、施工设备投资少,但现场浇注工程量大,施工组织较复杂。

(2)建筑工业化的特点

①建筑设计的标准化与体系化

建筑设计标准化,是将建筑构件的类型、规格、质量、材料、尺度等规定统一标准,将其中建造量大、使用面积广、共性多、通用性强的建筑构配件及零部件、设备装置或建筑单元,经过综合研究编制成配套的标准设计图,进而汇编成建筑设计标准图集。标准化设计的基础是采用统一的建筑模数,减少建筑构配件的类型和规格,提高通用性。目前国家及各省出台了多部装配式建筑涉及的规范、标准、规程和图集。

建筑设计体系化是根据各地区的自然特点、材料供应和设计标准的不同要求,设计出多样化和系列化的定型构件与节点设计。建筑师在此基础上灵活选择不同的定型产品,组合出多样化的建筑体系。随着科学技术的进步,信息化被广泛地运用到工程设计中,尤其是BIM技术的应用,强大的信息共享、协同工作能力更有利于建立标准化的单元,实现工程项目运作工程中的高效、重复使用。

②建筑构配件生产的工厂化

工厂化生产是实现建筑工业化的主要环节,不仅仅是建筑构配件生产的工厂化,主体结构的工厂化才是关键。构配件的工厂化生产不仅解决了传统施工方式中主体结构施工精度不高、质量难以保证的问题,并在施工现场实现了绿色环保施工,减少了材料的浪费和对环境的破坏,最终,推动了建筑工业化的发展。

③建筑施工的装配化和机械化

建筑设计的标准化、构配件生产的工厂化和产品的商品化,使建筑机械设备和专用设备得以充分开发应用。专业性强、技术性高的工程(如桩基、钢结构、张拉膜结构、预应力混凝土等项目)可由具有专用设备和技术的施工队伍承担,使建筑生产进一步走向专业化和社会化。

建筑施工的装配化和机械化具体包括:采用预制装配式结构,构配件生产完成后运到施工现场进行组装,在社会化大生产的今天,运用专业化、商品化的构配件生产方式,把工厂预制生产和现场工具式钢模板现浇结合起来,在生产和施工过程中充分利用机械化、半机械化工具和改良的技术,不断提高工业化住宅的机械化水平,有步骤地提高预制装配程度。

④结构一体化、管理集成化

在进行预制构件设计、生产时,预制构件中即包含各种主材以及外部装修材料,利用主体结构的一体化与装配施工一体化来完成。BIM技术的广泛应用更有利于建筑的标准化、工业化和集约化发展,项目参与各方利用参数化信息模型进行协同作业,使得项目建设中参与人员在建造的不同阶段实现资料共享,改变传统建筑业中不同专业、不同行业间的不协调以及项目建造流程中信息传输不畅、部品设计与建造技术不融合的问题,为工程建设的精细化、高效率、高质量提供了有力保障。

**2.建筑工业化的国内外发展**

(1)美国建筑工业化的发展

美国发展建筑工业化的道路与其他国家不同,美国物质技术基础较好,商品经济发达,且未出现过欧洲国家在第二次世界大战后曾经遇到的房荒问题,因此美国并不太提倡"建筑工业化",但它们的建筑业仍然是沿着建筑工业化道路发展的,而且已达到较高水平。这不仅反映在主体结构构件的通用化上,特别反映在各类制品和设备的社会化生产和商品化供应上。除工厂生产的活动房屋和成套供应的木框架结构的预制构配件外其他混凝土构件与制品、轻质板材、室内外装修以及设备等产品十分丰富,达数万种,用户可以通过产品目录,从市场上自由买到所需产品。

20世纪70年代,美国有混凝土制品厂3000~4000家,所提供的通用梁、柱、板、桩等预制构件共八大类五十余种产品,其中应用最广的是单T板、双T板、空心板和槽形板。这些构件的特点是结构性能好、用途多,有很大通用性,也易于机械化生产。美国建筑砌块制造业为了竞争、扩大销路,立足于砌块品种的多样化,全国共有不同规格尺寸的砌块2000多种,在建造建筑物时可不需砖或填充其他材料。美国建筑工业化发展见表3-2。

表 3-2　　　　　　　　　　　　美国建筑工业化发展

| 时间 | 美国工业化发展特点 |
| --- | --- |
| 1950年 | 在汽车房屋的基础上开始了以居住为主要目的的可移动房屋的开发。旅行拖车是美国工业化住宅的雏形 |
| 1970年 | 美国国会通过了国家工业化住宅建造及安全法案,同年开始由HUD负责出台一系列严格的行业规范标准。除了注重质量更加注重提升美观、舒适性及个性化。这说明,美国的工业化住宅进入了从追求数量到追求质量的阶段性转变 |
| 至今 | 据美国工业化住宅协会2001年度估计,2 200万的美国人居住在1 000多万套工业化住宅里。工业化住宅占现有住宅总量的7%。2007年,每16个人中就有1个人居住的是工业化住宅。全美国7%的工业化住宅建造在私有房主的土地上。住宅类型选择了木结构和钢结构 |

(2)法国建筑工业化的发展

法国是欧洲建筑工业化开始比较早的国家之一,不仅发明了工业化全装配式大板的模板现浇工艺,还研发了"结构-施工"建筑工业化体系。在这种体系之下,预制构件生产厂商可以通过构件二维图纸进行构件的加工生产,并可对构件模板进行不断修改调整,以满足预制构件的多样性。在满足多样性的同时,也建立了一套标准的模数体系,用于指导预制构件的标准化生产以及工业化项目的设计建造。除对建筑工业化的体系、标准的研究,法国政府也建立了很多试点项目,以对研究的体系、标准进行实证应用。随着标准化通用体系的不断完善,法国逐步实现了对建筑工业化发展的过渡,其预制混凝土结构体系应用也开始趋向成熟。

在法国建筑工业化体系中,主要还是预制混凝土构造体系,钢结构、木结构构造体系为次。利用框架或者板柱体系,通过结构构件与设备、装修工程等技术的提高,减少了预埋件,实现了焊接、螺栓连接等工法的推广并逐步向大跨度结构发展,实现了生产和施工质量的提高。与此同时,法国政府为了解决建筑工程项目的节能减排、环境保护等问题,颁布实施了相关激励政策以资助和引导建筑工程项目进一步朝绿色、环保方向发展。

法国的建筑工业化体系经过了近三十年的发展,逐步实现了建筑工业化体系的升级,通过工业化方式进行建造的建筑类型不仅包括住宅建筑,还有学校办公楼以及体育馆等较为大型复杂的公共建筑类型。

(3)德国建筑工业化的发展

在二次世界大战的历史背景下,德国很多地区的房屋建筑被毁坏,加上战后人口的急剧增长,人民的住房成为一个亟待解决的问题。因此,德国通过工业化的建造方式加快了住宅建筑的大规模重建,满足了战后重建的要求并对建筑工业化起到了极大的促进作用。到现阶段,德国在建筑工业化方面的相关技术已经变得成熟,所有的建筑部品以及装饰材料都可以在工厂里进行设计生产,然后针对不同类型的预制构件(预制外墙、预制楼板、预制楼梯等)进行分类和标记,采用全装配式施工方式,现场安装需要时便将有关构件运至现场,采用吊车或塔吊的方式进行吊装、就位和固定,提高了建设速度,缩短了工期。预制外墙采用保温隔热材料,并采用相应的装饰措施,实现了结构与装饰的一体化。屋内承重、非承重墙板,通过预留插座和管线洞口,为机电安装提供了基础。

至今,德国的建筑工业化体系利用计算机进行辅助设计,创建相关的建筑模型,利用模型去分析建筑材料的相关物理特性,然后由此来选择符合设计要求的建筑材料、装饰材料,并对接缝处理处采用抗老化、抗折性能较高的液体防水材料,并且利用节能减排等环保技术,提高了预制构件的性能品质,从而在保证建筑质量的同时提升了建筑的可持续性,为用户提供了更好的使用环境。

(4)日本建筑工业化的发展

日本由于多发地震,所以在20世纪70年代提高工业化建筑使用量的同时对增强建筑的抗震能力等方面也进行了深入的技术研究并实现了住宅标准通用产品的生产体系,其中有近1418类部件已经取得了"优良住宅部品"相关认证,工业化建筑以预制装配式住宅为主要形式。而且,制定了一系列的政策及措施,建立专门的研发机构,建立了住宅的部品标准化固定体系,从不同角度引导并促进建筑工业化发展。在推进规模化和产业化结构调整进程中,住宅产业经历了从标准化、多样化、工业化到集约化、信息化的不断演变和完善过程,日本建筑工业化发展见表3-3。

表3-3　　　　　　　　　　　日本建筑工业化发展

| 时间 | 美国工业化发展特点 |
|---|---|
| 1955～1965年:开发期 | 二层建筑壁式PCA住宅。在高度经济成长期中层壁式PCA住宅(五层以下)大量建设。另外民营建筑业者也开发了中层壁式PCA住宅 |
| 1965～1975年:鼎盛期 | 住宅公团HPC工法所使用的14层高层住宅工业化工法开发。开始建筑14层的高层工业化住宅。但是,1973年的第一次石油危机以后,由于土地不足使住宅小区小型化,同时由于需求的多样化、高级化,中层壁式PCA住宅急速减少 |
| 1975年至今:展开期 | 1975年开始实施钢筋混凝土构造的PCA化,RPC施工法开发实施。壁板式工法的量产住宅向PCA构法转化,社会性的住宅不足告一段落,由量向质转变的时代开始。85%的高层集合住宅使用大量的预制构件。 |

(5)加拿大建筑工业化的发展

加拿大建筑工业化与美国发展相似,从20世纪20年代开始探索预制混凝土的开发和应用,到六七十年代该技术得到大面积普遍应用。目前装配式建筑在居住建筑、学校、医院、办公等公共建筑,停车库、单层工业厂房等建筑中得到广泛应用。在工程实践中,由于大量应用大型预应力预制混凝土构建技术,使装配式建筑更充分发挥其优越性。类似美国,构件通用性较高。大城市多为装配式混凝土和钢结构,小镇多为钢或钢木结构。

(6)新加坡建筑工业化的发展

新加坡是世界上公认的住宅问题解决较好的国家,其住宅多采用建筑工业化技术加以建造,其中,住宅政策及装配式住宅发展理念是促使其工业化建造方式得到广泛推广的原因。

新加坡开发出了15～30层的单元化装配式住宅,占全国总住宅数量的80%以上。通过平面的布局、部件尺寸和安装节点的重复性实现了以设计为核心的、施工过程工业化的配套融合,能确保建筑装配率达到70%。

在新加坡,80%的住宅由政府建造。装配式施工技术被广泛用于房屋建设,此类项目大部分为塔式或板式混凝土多高层建筑,其装配率达到70%。

(7)中国建筑工业化的发展

中国建筑工业化起步较晚,直到二十世纪五六十年代,预制构件才开始应用。从市场占有率来说,中国装配式建筑市场尚处于初级阶段,全国各地基本上集中在住宅工业化领域,尤其是保障性住房这一狭小地带,前期投入较大,生产规模很小,且短期之内还无法和传统现浇结构市场竞争。但随着国家和行业陆续出台相关发展目标和方针政策,面对全国各地向建筑产业现代化发展转型升级的迫切需求,中国各地20多个省市陆续出台扶持相关建筑产业发展政策,推进产业化基地和试点示范工程建设。相信随着技术的提高,管理水平的进步,装配式建筑将有广阔的市场与空间。以产业化住宅发展为例,主要经历了图3-1所示的几个阶段。

1994年,住宅科研设计领域率先提出了"中国住宅产业化"的概念,开启了住宅产业化的中国之路。

1998年,建设部专门成立了住宅产业化办公室,后改为建设部住宅产业促进中心,开始国家住宅产业化的顶层设计。

2000年,住宅产业集团联盟启动。有三十多个国家的知名企业加盟,住宅产业集团联盟动作的第一步,集团采购已经开始实施,并取得一定成效。

2006年,全国已批准建立了30多个不同类型的国家住宅产业化基地,通过国家住宅产业化基地的实施,总结经验,以点带面,全面推进住宅产业现代化。

2008年,北京万科假日风景B3、B4工业化楼开始构件吊装,成为北京地区第一批利用工业化技术建造并向市场销售的工业化商品住宅楼。

2010年,8层高的上海世博会远大企业馆一天建成。

图3-1 中国住宅产业化发展流程图

总之,在目前经济发展趋缓和产业结构调整的大背景下,立足中国社会老龄化和产业工人不断减少的现实情况,建筑工业化是确保建筑产品质量、优化结构、提高效率、改善劳动条件、减少环境污染的唯一出路。

### 3.产业化住宅

建筑工业化是住宅产业化的核心。住宅产业化的概念,是在20世纪60年代末由日本最早提出的。所谓住宅产业化是指住宅生产的工业化和现代化,通俗地理解为以"搭积木"的方式建造房子,像生产汽车一样生产房子,以提高住宅生产的劳动生产率,提高住宅的整体质量,降低成本,降低物耗。为此,联合国经济委员会对住宅产业化提出6条标准:生产的连续性、生产物的标准化、生产过程的集成化、工程建设管理的规范化、生产的机械化、生产组织的一

> 联合国提出的住宅产业化6条标准:
> ➢ 生产的连续性;
> ➢ 生产物的标准化;
> ➢ 生产过程的集成化;
> ➢ 工程建设管理的规范化;
> ➢ 生产的机械化;
> ➢ 生产组织的一体化。

图3-2 住宅产业化标准

体化,如图 3-2 所示。

## 3.1.2 BIM 在建筑工业化中的应用

**1. 建筑工业化与 BIM 技术**

虽然建筑工业化自身具有很多优点,但它在设计、生产及施工中的要求也很高。与传统现浇混凝土建筑相比,设计要求更精细化,需要增加深化设计过程。预制构件在工厂加工生产,构件制造要求精确的加工图纸,同时构建的生产、运输计划需要密切配合施工计划来编排。住宅产业化对于施工的要求也较严格,从构件的物料管理、储存、构件的拼装顺序、时程到施工作业的流水线等均需要妥善地规划。

高要求必然带来一定的技术困难。在建筑工业化建造生命周期中,如信息交换频繁,很容易发生沟通不良、信息重复创建等传统建筑业存在的信息化技术问题,会形成建筑工业化实施的壁垒。在这样的背景下,引入 BIM 技术对住宅产业化进行设计、施工及管理,成了自然而又必然的选择。

建筑工业化工程项目的信息管理主要由业主方、承包商以及分包商共同管理,涉及设计、制造、运输、安装以及成本、进度、质量等信息,信息量巨大、传递复杂。要使住宅产业化工程项目的信息管理高效有序,需要改变传统项目管理中对信息的处理,构建新的管理思路。

基于 BIM 技术的信息管理不仅为建筑工业化解决了信息创建、管理、传递的问题,而且 BIM 三维模型、装配模拟、采购、制造、运输、存放、安装的全过程跟踪等手段为建筑工业化建造的推广提供了技术保障。为了使各个参与方之间能协同合作,提高工作效率,这就要求各参与方都参与到基于 BIM 的管理框架中,如图 3-3 所示。

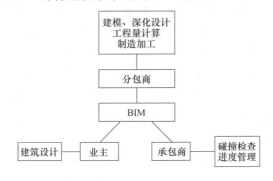

图 3-3　基于 BIM 的建筑工业化工程项目管理框架

**2. 设计中的应用**

建筑工业化是采用预制构件拼装而成的,在设计过程中,必须将连续的结构体拆分成独立的构件,如预制梁、预制柱、预制楼板、预制墙体等,再对拆分好的构件进行配筋,并绘制单个构件的生产图纸。与传统浇筑建筑相比,这是产业化住宅建筑增加的设计流程,也是产业化住宅建筑深化设计过程。

建筑工业化的深化设计是在原设计施工图的基础上,结合预制构件制造及施工工艺的特点,对设计图纸进行细化、补充和完善。传统的设计过程是基于 CAD 软件的手工深化,主要依赖深化设计人员的经验,对每个构件进行深化设计,工作量大,效率低,而且很容易出错。将 BIM 技术应用于预制构件深化设计则可以避免以上问题,因为 Revit 软件具有三维设计特点,使结构设计师可以直观地感受构件内部的配筋情况,发现配筋中存在的问题。在三维视图中,可以清晰观察预制外墙与周围构件的空间关系,从而有效避免构件碰撞、连接件位置不合理等问题,其深化设计流程如图 3-4 所示。

图 3-4 基于 BIM 的深化设计流程

(1)参数化模块协同设计并快速建模

BIM 技术通常采用三维模式进行建筑、结构、设备建模,而参数化设计是 BIM 技术的核心特征之一。利用软件预设的规则体系进行模型参数化的构建,在一定方式上改变了传统的设计方式和思维观念。在进行模块化设计之前,需要对建筑方案系统进行分析,把工程项目拆分为独立、可互换的模块。根据工程项目的实际需要,有针对性地对不同功能的单元模块进行优化与组合,精确设计出各种用途的新组合。建筑工业化中的预制构件、整体卫生间、幕墙系统、门窗系统等都是 BIM 模型的元素体现,这些元素本身是小的系统。

根据建筑部品的标准化、模块化设计,利用 Revit 软件创建项目所需的族。建立完善的构件库,例如预制外墙、预制梁、预制柱、预制楼梯、预制楼板等。在进行项目后续的建筑、结构、机电设计过程中,设计人员从创建好的构件库中选取所需的标准构件到项目中,使一个个标准的构件搭接装配成三维可视模型,最终提高住宅产业化设计的效率。

构件库组建完成后,随后将根据工程的实际情况对各模块进行模拟组装,创建建筑模型,从而得到建筑工业化的建筑模型。

(2)预制构件拆分

Revit 软件中的结构模型是由建筑模型导入并修改而来的,但建筑模型中的楼板外墙等构件还都是一个整块,必须将连续的结构体拆分成独立的构件,以便深化加工。

预制构件的分割,必须考虑结构力量的传递、建筑机能的维持、生产制造的合理、运输要求、节能保温、防风防水、耐久性等问题,达到全面性考虑的合理化设计。在满足建筑功能和结构安全要求的前提下,预制构件应符合模数协调原则,优化预制构件的尺寸,实现"少规格、多组合",减少预制构件的种类。

(3)参数化构件配筋设计

构件拆分完毕后对所有的预制构件进行配筋。预制构件种类较多,配筋比较复杂,工作量相当大。但由于之前在建筑建模时 BIM 采用的是参数化模块设计,这就给后续的结构构件配筋带来了极大的方便和快捷。钢筋的参数化建模可以在 Revit 软件中开发自定义、可满足预制构件配筋要求的参数化配筋节点。通过 Revit 软件开放的族库建立了一系列的参数化配筋节点,并通过调整参数对构件钢筋及预埋件进行定型定位,实现对构件的参数化配筋,并将二次开发的参数化构件都保存在组件库中,供随时调用。通过参数化的方式配筋,简化了烦琐的配筋工作,保证了配筋的准确,提高了整体的效率。

(4)碰撞检查

预制构件进行深化设计,其目的是为了保证每个构件到现场都能准确安装,不发生错漏碰缺。但是一栋普通的产业化住宅的预制构件往往有数千个,要保证每个预制构件在现场拼装不发生问题,靠人工校对和筛查是很难完成的,而利用 BIM 技术可以快速准确地把可能在现场发生的冲突与碰撞通过常规的碰撞检测进行事先消除,主要是检查构件之间的碰撞,深化设计中的碰撞检测除了发现构件之间是否存在干涉和碰撞外,主要是检测构件连接节点处的预留钢筋之间是否有冲突和碰撞,这种基于钢筋的碰撞检测,要求更高,也更加精细化,需要达到毫米级别。

在对钢筋进行碰撞检测时,为防止构件钢筋发生连锁的碰撞冲突增加修改的难度,先对所有的配筋节点做碰撞检测,即在建立参数化配筋节点时进行检查,保证配筋节点钢筋没有碰撞,然后再基于整体配筋模型进行全面检测。对于发生碰撞的连接节点,调整好钢筋后还需要再次检测,这是由于连接节点处配筋比较复杂,精度要求又高,当调整一根发生碰撞的钢筋后可能又会引起与其他节点钢筋的碰撞,需要在检测过程中不断调整,直到结果收敛为止。

对于结构模型的碰撞检测主要采用两种方式,一种是直接在 3D 模型中实时漫游,既能宏观观察整个模型,也可微观检查结构的某一构件或节点,模型可精细到钢筋级别。

第二种方式是通过 BIM 软件中自带的碰撞校核管理器进行碰撞检查,碰撞检查完成后,管理器对话框会显示所有的碰撞信息,包括碰撞的位置,碰撞对象的名称、材质、截面碰撞的数量及类型、构件的 ID 等。软件提供了碰撞位置精确定位的功能,设计人员可以及时调整修改。

通过 BIM 技术进行碰撞检查,将只有专业设计人员才能看懂的复杂的平面内容,转化为一般工程人员很容易理解的形象 3D 模型,能够方便直观地判断可能的设计错误或者内容混淆的地方。通过 BIM 模型还能够有效解决在 2D 图纸上不易发现的设计盲点,找出关键点,为只能在现场解决的碰撞问题尽早地制定解决方案,降低施工成本,提高施工效率。

(5)图纸的自动生成与工程量统计

3D 模型和 2D 图纸是两种不同形式的建筑表示方法,3D 的 BIM 模型不能直接用于预制构件的加工生产,需要将包含钢筋信息的 BIM 结构模型转换成 2D 的加工图纸。Revit 软件能够基于 BIM 模型进行智能出图,可在配筋模型中直接绘制预制构件生产所需的加工图纸,模型与图纸关联对应,BIM 模型修改后,2D 图纸也会随模型更新。

①图纸的自动生成

产业化住宅预制构件多,深化设计的出图量大,采用传统方法手工出图工程量相当大,而且很难避免各种错误。利用 Revit 软件的智能出图和自动更新功能在完成了对图纸的模板定制工作后,可自动生成构件平、立、剖面图以及深化详图,整个出图过程无须人工干预,而且有别于传统 CAD 创建的 2D 图纸,Revit 软件自动生成的图纸和模型是动态链接的,一旦模型数据发生修改,与其关联的所有图纸都将自动更新。图纸能精确表达构件相关钢筋的构造布置,各种钢筋弯起的做法,钢筋的用量等,可直接用于预制构件的生产。总体上预制构件自动出图,图纸的完成率在 80%~90%。

同时,Revit 具有强大的图纸输出功能,能基于模型输出三维效果图,也能像 CAD 一样输出二维平面图、立面图及剖面图。在住宅产业化设计中,由于缺乏标准图集,目前住宅产业化设计需要对每个构件进行单独设计,工作量很大、出图量也很大。利用 Revit 软件绘制构件施工图时,软件能自动调出构件的基本信息,绘制构件施工图,大大减轻了结构设计师的工作量。设计单位利用 Revit 软件与构件厂商进行施工图纸对接,可以直观展示构件的三维模型。

无须进行图纸打印,准确度高,如果出现问题也能够及时方便地改变构件设计情况。

②工程量统计

在产业化住宅中,包括预制外墙、预制内墙、预制楼板以及钢筋混凝土叠合板,不同的构件有不同的截面、材质和型号,工程量的统计是一项工作量很大的工程。

BIM 能够辅助造价人员实现工程量统计,借助 Revit 软件自身的明细表输出功能和软件自动生成的钢筋、混凝土、门窗等明细表,能方便造价人员进行工程量统计和工程概预算。

**3. 建造过程中的应用**

(1)基于 BIM 的预制建筑信息管理平台设计

建筑工业化项目通过深化设计后就进入建造阶段,由于预制构件种类繁多、信息复杂,为了便于在建造过程中进行质量管理、生产过程控制,可以基于 BIM 规划建立 PC 建筑信息管理平台。通过平台系统采集和管理工程的信息,动态掌控构件预制生产进度、仓储情况以及现场施工进度。平台既能对预制构件进行跟踪识别,又能紧密结合 BIM 模型,实现建筑构件信息管理的自动化。

基于 BIM 的 PC 建筑信息管理平台,如图 3-5 所示,以预制构件为主线,贯穿 PC 深化设计、生产和建造过程。该管理平台集成了一个中心数据库和大管理模块,即 BIM 模型中心数据库以及深化设计信息管理模块、PC 构件生产管理模块、现场施工管理模块。三大模块包含相应的系统及工作流程。

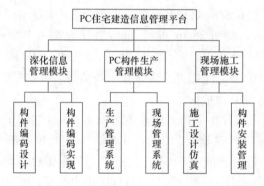

图 3-5 信息管理平台功能模块

(2)预制构件信息跟踪技术

产业化住宅建筑工程中使用的预制构件数量庞大,要想准确识别并管理每一个构件,就必须给每个构件赋予唯一的编码,制订统一的编码体系。建立的编码体系根据实际工程需要不仅能唯一识别预制构件,而且能从编码中直接读取构件的位置等关键信息,兼顾了计算机信息管理以及人工识别的双重需要。

在深化设计阶段出图时,构件加工图纸需要通过二维码表达每个构件的编码。构件生产时由手持式读写器扫描图纸条形码就能完成构件编码的识别,这就加快了操作人员对构件信息的识别并减少错误。

在构件生产阶段,将 RFID 芯片植入构件中,并写入构件编码,就能完成对构件的唯一标记。通过 RFID 技术来实现构件跟踪管理和构件信息采集的自动化,提高工程管理效益。

(3)施工动态管理

预制构件需要在施工现场进行拼装,与传统工程相比,施工工艺比较复杂,工序比较多,因此需要对施工过程进行严格把控。

Navisworks 软件能够对基于实际施工组织设计方案的动态施工进行 4D 仿真模拟。将各构件安装的时间先后顺序信息输入 Navisworks 中,进行施工动态模拟,在虚拟环境下对项目建设进行精细化的模拟施工。在实际施工中,通过虚拟施工模拟,及时进行计划进度和实际的对比分析,优化现场的资源配置。

通过可视化的模拟,施工人员在施工前直观地了解施工工序,掌握施工细节,查找项目施工中可能存在的动态干涉,提前优化起重机位置、行驶路径以及构件吊装计划,现场施工过程更加科学有序。

# 3.2　BIM＋新技术

BIM 作为信息交流平台,能集成建筑全过程各阶段、各方信息,支持多方、多人协作,实现及时沟通、紧密协作、有效管理,其应用与推广对行业的科技进步与转型升级将产生不可估量的影响。

但是,随着 BIM 技术在行业应用的不断推进,BIM 技术已从单一的 BIM 软件应用转向多软件集成应用方向,从桌面应用转向云端和移动客户端轻量化方向,从单项应用转向综合应用方向发展,并呈现出 BIM＋的新特点。例如 BIM＋VR、BIM＋GIS、BIM＋3D 打印、BIM＋RFID、BIM＋云技术、BIM＋3D 激光扫描等技术的集成应用,使 BIM 应用在工程建设行业不断向纵深发展,给行业的工作方式和工作思路带来了革命性的改变。

## 3.2.1　BIM＋VR 拓展应用

VR(Virtual Reality,即虚拟现实),是由美国 VPL 公司创建人 Jaron Lanier 在 20 世纪 80 年代初提出的。其具体内涵是:综合利用计算机图形系统和各种现实及控制等接口设备,在计算机上生成的可交互的三维环境中提供沉没感觉的技术。BIM 是以建筑工程项目各项相关信息数据作为模型的基础,进行建筑模型的建立,通过数字信息仿真模拟建筑物所具有的真实信息,具有可视化、协调性、模拟性、优化性和可出图性等五大特点。BIM 不但可以完成建筑全生命周期内所有信息数据的处理、共享与传递,其可视化的特点能让非建筑专业的人士看懂建筑。

**1. BIM＋VR 的价值**

基于 BIM 技术创建的模型,在视觉展示上还存在着真实度不高的问题,而其与 VR 技术的结合,恰恰就能弥补 BIM 在视觉表现上的短板,以 BIM 技术的可视化为基础,配合以 VR 沉没式体验,加强了具象性及交互功能,大大提升 BIM 应用效果(如图 3-6 所示),从而推动其在工程项目中加速推广使用。BIM 技术与虚拟现实技术(VR)集成应用的核心价值包括以下 4 点。

(1)提高模拟的真实性

使用虚拟现实演示单体建筑、群体建筑乃至城市空间,可以让人以不同的俯仰角度去审视或欣赏其外部空间的动感形象及其平面布局特点。它所产生的融合性,要比模型或效果

图 3-6　BIM＋VR 的体验

图更形象、生动和完整。

　　传统的二维、三维表达方式,只能传递建筑物单一尺度的部分信息,使用虚拟现实技术可展示一栋活生生的虚拟建筑物,使人产生身临其境之感,并可以将任意相关信息整合到已建立的虚拟场景中,进行多维模型信息联合模拟。可以实时、任意视角查看各种信息与模型关系,指导设计、施工、辅助监理、监测人员开发相关工作。

　　(2)提升项目质量

　　在实际工程施工之前把建筑项目的施工过程在计算机上进行三维仿真演示,可以提前发现并避免在实际施工中可能遇到的各种问题,如管线碰撞、构件安装等,以便指导施工和制定最佳施工方案,从整体上提高建筑施工效果,确保建筑质量水平,消除安全隐患,并有助于降低施工成本与时间耗费。通过模拟建筑施工中大型构件运输、装配过程,可以检验此过程中是否存在物件的碰撞、干涉,是否因构件形变导致结构破坏等。通过虚拟施工建造过程,可以检查施工计划和施工技术的合理性和有效性。

　　(3)提高模拟工作中可交互性

　　在建筑施工过程中,一般都会提出不同的施工方案。在虚报的三维场景中,可以实时切换不同的方案,在同一个观察点或同一个观察序列中感受不同的施工过程,有助于比较不同方案的特点与不足,以便进一步进行决策。利用虚拟现实技术不但能够对不同方案进行比较,而且可以对某个特定的局部进行修改,并实时与修改前的方案进行分析比较。

　　利用 BIM 技术建立建筑物的几何模型和施工过程模型,可以实现对施工方案进行实时、交互和逼真的模拟,进而对已有的施工方案进行验证和优化操作,逐步替代了传统的施工方案编制方法。

　　虚拟现实系统中,可以任意选择观察路径,逼真快捷地进行施工过程的修改,使施工工艺臻于完善。可以直接观察整个施工过程的三维虚拟环境,快速查看到不合理或者错误之处,避免在施工过程中的返工。场景中每个构件,都可进行独立的移动、隐藏等编辑操作。

　　(4)多样化营销模式

　　工程项目建成以后,其受益如何就要看后期的营销了,营销手段的高明才能让建筑受益最大化。传统的宣传都是一种单薄的被动灌输性宣传,传播力和感染力非常有限,无论是效果图、动画还是沙盘，都无法使客户切身感受到景观效果。通过 BIM＋VR 技术，购房者无需前往各售楼处实地看房，只需通过虚拟现实体验设备即可实际感知各地房源，让客户提前感受生活在其中的感觉。而对于开发商来说，VR 技术打破了传统的地产营销方式，让样板房不受局限，有更多发挥设计的空间。万科、绿地、碧桂园等开发商，已将 VR 技术运用在项目中作为售楼处的体验产品。

基于 BIM 技术与 VR 的结合，一方面能使看房者在虚拟的建筑环境中自由走动，体验真实环境中可以看到的实地景象，了解未来小区的园林绿化、休闲设施的一些基本情况，还可以俯瞰整个建筑环境，对小区周边规划有全面的了解。另一方面，可免除样板房参观现场组织之苦，又可避免真实样板房污损、变旧、易受环境影响等弊端。在虚拟样板间里，开关门会有对应的声音，电视和电脑画面会动态播放，金属和玻璃表面有自然的反射光泽。客户可以自由地摆放虚拟样板房中的家具，可以选择自己喜欢的装修风格，更换地毯、墙纸等。虚拟样板房还可以提供接近真实的光照模拟，让观看者直观感受到一年四季中房间的光照情况。

**2. BIM＋VR 存在的问题**

BIM 技术与 VR 技术集成作为一门新兴学科，其理论和实践研究都处于初级阶段且涉及学科、专业众多，还存在很多问题。

(1)BIM 模型精度问题

BIM 模型的精度直接决定了虚拟施工的应用效果，如果前期建立的 BIM 模型不够精细，基于此模型实现的施工过程的模拟结果就不准确，无法达到预期的效果。然而 BIM 模型的精细程度往往和时间成本相关联，因此目前模型精细度以及模型标准仍然是个不可避免的问题。

(2)BIM＋VR 使用范围

BIM＋VR 技术并没有大范围使用，同时由于专业、人员、模型、环境的局限，对于基于 BIM 的项目应用以及和 VR 技术集成的探究应用尚浅。

(3)基于建筑领域开发较少

使用头盔显示器和数据采集手套等外部设备进入仿真的建筑物，这种方式能充分体现虚拟现实技术的价值，但是这方面的技术在建筑施工领域应用较少，目前相对建筑行业应用的 VR 开发也很少。

(4)缺乏行业标准

从技术角度上来说，BIM＋VR 能够实现对传统建筑模式的变革，但是由于现阶段各种主客观原因还未能大力发展普及，并未形成行业标准。

**3. BIM＋VR 发展趋势**

目前 VR 的实现要依靠头盔显示器和数据采集手套等外部设备，用户利用这些设备来体验和参与到模拟中去，利用鼠标、键盘、语音和手势来对物体或角色进行操控。同时需要配合 VR 开发引擎来实现 BIM 与 VR 的结合。现在也有越来越多的开发团队、设计施工企业、BIM 咨询企业等在 BIM 与 VR 的结合上进行尝试，未来的虚拟现实将会是一个充满着逼真互动体验的包罗万象的新世界，用户可以参与到具体情境中去，所有的一切将会非常真实、可信。

总之，虚拟施工技术在建筑领域的应用(BIM＋VR)将是一个必然趋势，在未来的建筑设计及施工中的应用前景广阔。相信随着虚拟施工技术的发展和完善，必将推动我国工程建设行业迈入一个崭新的时代。

## 3.2.2 BIM＋GIS 拓展应用

地理信息系统(Geographic Information System,GIS)是一门综合性学科,结合地理学与地图学以及遥感和计算机科学,已经广泛应用在不同的领域,是用于输入、查询、分析和显示地理数据的计算机系统。随着 GIS 的发展,也有称 GIS 为"地理信息科学"(Geographic Information Science),近年来,也有称 GIS 为"地理信息服务"(Geographic Information Service),总之,GIS 是一种基于计算机的可以对空间信息进行分析和处理的技术。

**1. BIM＋GIS 的价值**

目前 GIS 技术的应用大部分是以城市级的地形、地貌、建筑物及构筑物的数据采集、分析为主,却不能够对建筑物及构筑物内部的相关数据进行采集分析,而通过 BIM 技术就可以获取建筑物内部的相关数据信息,而且能做到构件级的数据管理。换言之,就是 GIS 解决了大范围的数据采集分析问题,BIM 解决了精细化的数据采集和管理问题,BIM＋GIS 将会为城市级的空间数据管理提供有利的技术保障。

(1)三维城市建模

城市建筑类型各具特色,外形尺寸不同,外部颜色纹理不同,还有障碍物阻挡等。如果是"航测＋地面摄影",后期需要人工做大量贴图。如果是用价格昂贵的激光雷达扫描,成本太高而且生成的建筑模型都是"空壳",没有建筑室内信息,同时室内三维建模工作量也不小,并且无法进行室内空间信息的查询和分析。而通过 BIM,可以很容易得到建筑的精确高度、外观尺寸以及内部空间信息。因此,综合 BIM 和 GIS(如图 3-7 所示),利用 BIM 模型数据,然后把建筑空间信息与其周围地理环境共享,应用到城市三维 GIS 分析中,就极大降低了建筑空间信息的成本。

同时,BIM 与 GIS 集成应用,可提高长线工程和大规模区域性工程的管理能力。BIM 的应用对象往往是单个建筑物,利用 GIS 宏观尺度上的功能,可将 BIM 的应用范围扩展到道路、铁路、隧道、水电、港口等工程领域。如邢汾高速公路项目开展 BIM 与 GIS 集成应用,实现了基于 GIS 的全线宏观管理、基于 BIM 的标段管理以及桥隧精细管理相结合的多层次施工管理。

(2)市政管线管理

通过 BIM 和 GIS 融合可以有效地进行楼内和地下管线的三维模型,并可以模拟冬季供暖时热能传导路线,以检测热能对其附近管线的影响,或是当管线出现破裂时使用疏通引导方案可避免人员伤亡及能源浪费。以 BIM 提供的精细建筑模型为载体,利用 GIS 来管理地下管线的位置等信息,可以提高管理的自动化水平和准确性,不会出现管线管理不明,或是不在它该在的位置这种尴尬情况。

同时,BIM 与 GIS 集成应用可增强大规模公共设施的管理能力。现阶段,BIM 应用主要集中在设计、施工阶段,而二者集成应用可解决大型公共建筑、市政及基础设施的运维管理,将 BIM 应用延伸到运维阶段。如昆明新机场项目将二者集成应用,成功开发了机场航站楼运维管理系统,实现了航站楼物业、机电、流程、库存报修与巡检等日常运维管理和信息动态查询。

图 3-7 综合 BIM 和 GIS 的三维城市建模

（3）室内导航

多数行业中都想解决室内定位这一难题，但是大多关注的都是定位的手段，例如到底是WiFi、蓝牙、红外线还是近场通信等，但是室内的地图一般都是由建筑的二维电子图生成的，甚至只是示意图。室外的地图导航都开始仿真三维化了，室内导航还用二维线条，相比之下略显失色。但是如果有 BIM，这一问题就能迎刃而解，通过 BIM 提供的建筑内部模型配合定位技术可以进行三维导航。例如有公司为央视新大楼开发的室内导航系统，就是利用了 BIM 和 GIS，可以为员工进行跨楼层、跨楼体的导航。同时也可以在模拟突发事件时，事先规划预演员工的疏散路线等情况，这将极大降低因灾害引起的人员伤亡。

**2. BIM＋GIS 存在的问题**

BIM 和 GIS 的整合不是一件简单的事，尤其是对于数据标准的建设、BIM 与 GIS 的结合方式、BIM 及 GIS 与协同平台的建设，主要体现在如下两个方面。

（1）两者对图形表达的数据结构完全不同

GIS 用的是点线面，点有坐标线的两点，面分三角形、三角带、环等几种。这种结构的优点可以方便地表示大量种类的图形。而 BIM 对图形是基于一种关于 Swipe 和 Extrude 的理论（拉伸融合的理念）。

（2）两者对信息的储存结构完全不同

GIS 使用空间数据库，点线面功能分明，有各自的角色和属性。空间数据库可存储的数据量巨大，有强大的分级优化功能，而 BIM 存储数据使用的是文件系统，优点在于细节与对象属性的描述。

**3. BIM＋GIS 发展趋势**

无疑，BIM 与 GIS 的融合是未来 BIM 与 GIS 技术发展的方向，未来 GIS 一定会越来越关注细节，而 BIM 也会加强对大数据项目的支撑，甚至能发展出特殊的数据库，同时，随着城市的发展，城市信息系统越来越复杂，BIM＋GIS 可以成为城市成熟的技术融合，包含精准的城市三维建模，发达的城市传感网络，实现城市人流、车流监控等。BIM＋GIS 的融合既是社会与科技发展的必然趋势，也是信息化发展的必经之路。

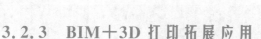
### 3.2.3　BIM＋3D 打印拓展应用

"3D 打印"学名为"快速成型技术"或者说"增材制造技术",是一种通过材料逐层添加制造三维物体的变革性、数字化增材制造技术。也可以说是一种不需要传统刀具、夹具和机床就可以打造出任意形状,根据零件或物体的三维模型数据通过成型设备以材料累加的方式制成实物模型的技术。

3D 打印通常是通过数字技术材料打印机来实现的。常在模具制造、工业设计等领域被用于制造模型,后逐渐用于一些产品的直接制造,已经有使用这种技术打印而成的零部件。该技术在珠宝、鞋类、工业设计、建筑、工程和施工、汽车、航空航天、牙科和医疗产业、教育、地理信息系统、土木工程、枪支以及其他领域都有所应用。

BIM 技术提供了三维信息化建筑模型,将数据提供给 3D 打印机,3D 打印机即对目标模型进行制作。3D 打印建筑物的技术原理是将混凝土等建筑材料通过 3D 打印机的喷头挤出,采用连续打印、层层叠加的方式进行建造的新型建造模式。

2015 年 9 月 9 日,刘易斯大酒店的老板 Lewis Yakich 宣称,他已经成功地打印出了他的 3D 建筑(如图 3-8 所示)。这是一栋小别墅,占地面积为 10.5×12.5 米,高 3 米,大概有130 平方米。这个别墅有两间卧室、一间客厅以及一间带按摩浴缸的房间(按摩浴缸也是3D 打印而成),所有这些都是刘易斯大酒店的一部分。据统计,完成所有结构的打印总共花了 100 个小时,但是打印过程并不是连续的。

图 3-8　3D 打印全球首个商业建筑:别墅式酒店

**1. BIM＋3D 打印的价值**

BIM 技术与 3D 打印技术两种革命性技术的结合,为方案到实物的过程开辟了一条快速通道,同时也为复杂构件的加工制作提供了更高效的方案。目前 BIM 与 3D 打印的主要应用有如下三个方面。

(1)基于 BIM 的整体建筑的 3D 打印

应用 BIM 进行建筑设计,设计模型处理后直接交付专用的 3D 打印机进行整体打印,建筑物可以很快被打印出来,建造一栋简单建筑的时间大大缩短。通过 3D 打印技术建造房屋,只需要很少的人力投入,随着我国人力成本的逐渐升高,3D 打印可有效降低人力消耗方面的成本。同时，3D 打印是"增材制造技术"，其作业过程基本不会产生扬尘和建筑垃圾，是一种绿色和环保工艺，在节能降耗和环境保护方面较传统工艺有非常明显的优势。

（2）基于 BIM 和 3D 打印复杂构件

传统工艺制作复杂构件，受人为因素影响较大，精度和美观度方面有所偏差不可避免，而 3D 打印机由电脑操控，只要有数据支撑，便可将任何复杂的异型构件快速、精确地制造出来。利用 BIM 技术和 3D 打印机相结合来进行复杂构件制作，不再需要复杂的工艺、措施和模具，只需将构件的 BIM 模型发送到 3D 打印机，短时间内即可将复杂构件打印出来，少量的复杂构件用 3D 打印的方式，大大缩短了加工周期，降低了成本。3D 打印的精度非常高，可以保障复杂异型构件几何尺寸的准确性和实体质量。

（3）基于 BIM 和 3D 打印施工方案实物展示

通过将 BIM 模型与施工方案或施工部署进行集成，然后利用三维模型进行展示交流、交底，这是非常实用的一种应用手段。结合 3D 打印技术打印实物模型可以将应用效果发挥得更佳。利用 3D 打印制作的施工方案微缩模型，可以辅助施工人员更为直观地理解方案内容。而且它携带、展示都不需要依赖计算机或其他硬件设备，同时实体模型可以 360° 全视角观察，克服了打印 3D 图片和三维视频角度单一的缺点。

**2. BIM＋3D 打印存在的问题**

3D 打印微缩 BIM 模型的应用已较为成熟，一些实际工程项目也已经开始尝试使用 3D 打印的异型构件，但是基于 BIM 技术和 3D 打印技术集成建造实际建筑还处于探索和试验阶段，仍然存在以下几种问题。

（1）缺少相关 3D 打印建筑规范

3D 打印建筑还处于研究试验阶段，我国没有 3D 打印建筑的相关规范，所以 3D 打印建筑还不具备应用于一般建筑的条件。现阶段的 3D 打印建筑还未很好地解决结构和构件配筋的问题，这不但制约了可打印建筑的高度，也使各界对于其结构安全性有较多疑虑。

（2）BIM 与 3D 打印缺少数据接口规范

3D 打印技术正处于快速发展阶段，3D 打印机的数据格式在国际上没有统一的标准。虽然 STL 被业界默认为统一格式，但是 STL 格式标准制定于 20 世纪 80 年代，随着 3D 打印技术的发展，其不能存储颜色、材料及内部结构等信息的缺陷日益凸显，而新的数据格式 AMF（Additive Manufacturing File Format）等信息的缺陷日益凸显，还未获得广泛认可。用于建筑行业的 3D 打印机多为自主开发，数据格式更加混乱，部分企业甚至还将其作为核心机密予以保护，这就使得制定 BIM 模型与 3D 打印机统一的数据接口十分困难，制约了 BIM 技术与 3D 打印技术的融合。

（3）打印设备的制约

3D 打印机自身尺寸决定了最大打印尺寸，建筑的构件与其他产品的零部件相比，一个显著的特点就是尺寸大。打印全尺寸的构件或整体建筑，使用的 3D 打印机尺寸比较大，设备制造的难度和成本也相应增加，目前，如何打印高层建筑的难题仍未解决。建筑产品的使用地就是建筑的施工现场，3D 打印机需要异地运输、安装，对打印机的精度也有一定的影响。

BIM 技术和 3D 打印技术的集成应用还有不少路要走，在此过程中，不可避免地存在各种各样的问题，这也是任何新技术发展、成熟的必经阶段。

**3. BIM+3D 打印发展趋势**

作为两种变革性的新技术,可以预见,在今后很长一段时间内 BIM 技术和 3D 打印技术仍然会被人们广泛关注,由于看好这两种技术所表现出来的广阔应用前景,许多国家纷纷加快研究和应用的步伐。随着技术的发展,现阶段 BIM 技术与 3D 打印技术集成所存在的许多技术问题将会得到解决。3D 打印机和打印材料的价格也会趋于合理。应用成本下降会扩大 3D 打印技术的应用范围和数量,全面促进 3D 打印技术的进步,随着 3D 打印技术的成熟,施工行业的自动化水平也会得到大幅提高。

虽然在普通民用建筑大批量生产的效率和经济性方面,3D 打印建筑较工业化预制生产没有优势,但是在个性化、小数量的建筑上,3D 打印的优势非常明显。随着个性化定制建筑市场的兴起,3D 打印建筑在这一领域的市场前景非常广阔。

## 3.2.4　BIM+RFID 拓展应用

RFID(Radio Frequency Identification)技术,又称无线射频识别技术,是一种通信技术,可通过无线信号识别特定目标并读写相关数据,而无须识别系统与特定目标之间建立机械或光学接触。RFID 通过非接触的方式进行信息读取,不受覆盖的遮挡影响,而且安全、可重复使用,目前多应用于身份识别、门禁控制、供应链和库存跟踪、资产管理等方面。

随着我国住宅产业化的深入推动,对于建筑物的建造方式也提出了新的方向,装配式建筑将会成为建筑业未来的发展方向。装配式建筑的建造过程涉及的部品、构件种类繁多,项目参与方众多,信息分散在不同的参与方手中,在预制、运输、组装的过程中极易发生混淆导致返工,造成巨大损失,极大地影响了建筑产业化的生产效率和经济效益。BIM 技术提供了构件的几何信息、材料、结构属性以及其他相关数据,且每一个构件对应一个固定的 ID,预制构件的所有信息均可由 BIM 技术进行收集,如图 3-9 所示。

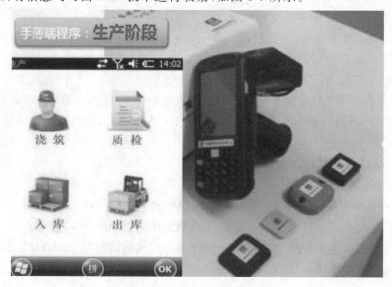

图 3-9　工程现场应用 BIM+RFID 技术

**1. BIM＋RFID 的价值**

将 BIM 与 RFID 进行结合,能对项目过程中的各种构件信息进行管理,如材料进场、搬运等过程进行更加有效的监管。同时,由于有 RFID 芯片植入,对于构件制作、运输、存储和吊装具有如下作用。

(1)在构件的生产制造阶段

在构件的生产制造阶段需要对构件置入 RFID 标签,标签内包含有构件单元的各种信息,以便于在运输、存储、施工吊装的过程中对构件进行管理。RFID 标签的编码原则是:唯一性,保证构件单元对应唯一的代码标识,确保其在生产、运输、吊装施工。

(2)在构件的生产运输过程中

以 BIM 模型建立的数据库作为数据基础,将 RFID 收集到的信息及时传递到基础数据库中,并通过定义好的位置属性和进度属性与模型相匹配。此外,通过 RFID 反馈的信息,精准预测构件是否能按计划进场,做出实际进度与计划进度对比分析,如有偏差,适时调整进度计划或施工工序,避免出现窝工或构配件的堆积,以及场地和资金占用等情况。

(3)构配件入场及存储管理阶段

构件入场时,RFID Reader 读取到的构件信息传递到数据库中,并与 BIM 模型中的位置属性和进度属性相匹配,保证信息的准确性,同时通过 BIM 模型中定义的构件的位置属性,可以明确显示各构件所处区域位置,在构件或材料存放时做到构配件点对点堆放,避免一次搬运。

(4)构件吊装阶段

若只有 BIM 模型,单纯地靠人工输入吊装信息,不仅容易出错而且不利于信息的及时传递。若只有 RFID,只能在数据库中查看构件信息,通过二维图纸进行抽象的想象,通过个人的主观判断,其结果可能不尽相同。BIM 与 RFID 的结合有利于信息的及时传递,从具体的三维视图中呈现及时的进度对比和模拟分析。

**2. BIM＋RFID 存在的问题**

虽然 BIM＋RFID 在装配式建筑中拥有巨大的价值,一些实际工程项目也已经开始尝试将 BIM 与 RFID 相结合使用,但是将 BIM 技术和 RFID 技术集成应用于建筑工程中,仍然存在以下一些问题。

(1)相关技术标准不完善

关于 BIM 与 RFID 技术相结合的数据接口仍没有相关标准,国外相关的技术标准较为完善,国内则比较欠缺。不同企业根据自己的需求去探索应用 BIM 和 RFID 技术,其通用性不足,没有统一的实施方案。BIM 和 RFID 技术推进信息交流和共享,BIM 标准的制定需要政府和整个行业的共同参与。

(2)行业应用意识低

对于 BIM 和 RFID 等现代信息技术,国家大力支持,可行业内在这方面的应用意识较低。设计院、施工单位等考虑自身利益,不愿意使用。业主是 BIM 和 RFID 技术的最大受益者。由于到目前还没有具体的收益数据,对未来收益的多少存在风险,业主在现实的利益面前不愿意冒这种风险。

(3)信息不流通

我国建筑业分设计、施工、运营维护等多个阶段,各阶段又分为设备安装等多个专业,各阶段各专业的利益主体不同,相互间的利益关系不一样,各利益主体间为了最大限度地保护自己的利益,不愿意将自己的信息共享,这在很大程度上阻碍了信息的流通。

**3. BIM＋RFID 发展趋势**

BIM 技术作为建筑业发展的重要技术变革,将成为推动装配式建筑发展的新动力,借助 BIM 技术,可以避免装配式建筑在施工过程中的"错、漏、碰、缺"。结合 BIM 技术与 RFID 技术,通过信息集成,快速进行进度分析和模拟对比,进一步优化资源、工期配置,顺利完成工程目标。

因此,基于 BIM 与 RFID 技术集成的建筑应用,有助于提升装配式建筑施工管理水平,融入更多先进理论的 BIM 与 RFID 技术的深度集成是未来装配式建筑发展的主要方向。

## 3.2.5 BIM＋3D 激光扫描拓展应用

三维激光扫描技术是利用激光测距的原理,密集地记录目标物体的表面三维坐标、反射率和纹理信息,对整个空间进行的三维测量。传统的测量手段如全站仪、GPS 都是单点测量,通过测量物体的特征点,然后将特征点连线的方式反映所测物体的信息。当所测物体是规则结构时,这种测量方法是适合的,但如果所测物体是复杂曲面结构体时,传统测量手段就无法准确地表达物体的结构信息,这时可以采用三维激光扫描技术。

**1. BIM＋3D 激光扫描的价值**

BIM 技术和 3D 激光扫描技术集成被越来越多地应用在文物古迹保护、工程施工领域,其在施工质量检测、辅助实际工程量统计、钢结构预拼装等方面均体现出如下价值。

(1)文物古迹保护

随着科技的进步,对文物古迹的保护也越来越多地利用现代科技手段,三维激光扫描技术作为一种高科技技术为我国文化遗产的保护工作提供了革命性的影响。如广东新会书院,坐北朝南,是现今广东保存最完好、规划最宏大、工艺最精湛的具晚清岭南祠堂风格传统的建筑之一。

对于新会书院的三维扫描作业,工作人员将使用 Trimble TX8 三维扫描仪对修缮后的建筑进行三维扫描,扫描原始数据采用 Trimble Real Works 专业点云处理软件进行自动快速拼接,再用 Revit、CAD 等软件直接快速导入点云数据进行建模。基于扫描仪的三维点云数据,利用 Geomagic 软件对佛像进行三维建模,分别需要进行抽稀、去噪、删除孤点、统一采样、封装、补洞、合并等步骤,最后生成三维模型。此次对新会书院的三维信息采集工作,通过快速三维激光扫描技术完美地反映建筑中木雕、石雕、砖雕、陶塑、灰塑、彩绘和铜铁铸造不同风格工艺装饰的四凸曲面。

(2)施工质量检测

施工过程中,BIM 模型需要和竣工图纸(或最新版本的施工深化图纸)保持一致。在现场通过 3D 激光扫描,并将扫描结果和模型进行对比,可帮助检查现场施工情况和模型及图纸的对比关系,从而帮助找出现场施工问题。

此类应用目前较多,通过现场的正向施工,配合 3D 激光扫描形成的点云建立 BIM 模型,和设计 BIM 模型对比进行逆向检测,对于施工有误的地方进行整改,从而形成良性循环,不断优化现场施工情况,如图 3-10 所示。

图 3-10　利用三维激光扫描仪获得的点云数据

（3）钢结构预拼装

在传统方式下，钢结构构件生产成型后，需要在一个较大的空间内进行构件预拼装，准确无误之后运输到施工现场进行钢构吊装，如果预拼装出现问题，则需要对问题构件进行加工处理，再次预拼装无误后才使用。而有了 3D 激光扫描技术后，通过对各钢结构构件进行 3D 扫描，将生成的数据在电脑中预拼装，对有问题的构件进行直接调整。此种方式下的工作，无论是实际空间的节省上，还是预拼装的精确度和效率上，都较传统方式有着明显的提高。

（4）土方开挖量的测算

土方开挖工程中，土方工程量较难进行统计测算，而开挖完成后通过 3D 激光扫描现场基坑，然后基于点云数据进行 3D 建模后，便可快速通过 BIM 软件进行实际模型体积的测算及现场基坑的实际挖掘土方量的计算。此外，通过和设计模型进行对比，也可直观了解到基坑挖掘质量等其他信息。

**2. BIM＋3D 激光扫描存在的问题**

尽管 3D 扫描以其高精度、数字化操作方式等特性在上述项目中提供了较高的价值，但也存在着以下问题。

（1）成本相对较高

无论是 3D 扫描仪本身，还是提供咨询服务的团队价格均较为昂贵，导致了有些项目在预算有限的情况下难以采用这项技术。

（2）效率有限

具体实施过程分为外业数据采集和内业数据处理等阶段，尤其是业内处理时间一般较长，而类似上海中心大厦这样的大体量复杂项目，难以在规定的时间内进行全楼扫描，也是上海中心只是进行了部分楼层扫描测试的原因之一。

（3）隐蔽工程扫描较困难

由于现场扫描环境千差万别，如一些施工场地中，有些隐蔽工程中的管线和设备通过常规方法就很难扫描，这也对不同 3D 扫描仪提出了更多的要求。

针对上述问题，随着 3D 扫描仪的大规模应用，从业人员的技术娴熟和数量增多，以及扫描仪的精度更加精细、携带更加轻便、扫描方式更加先进等方向发展，这些问题都会迎刃而解，3D 扫描技术也会被越来越多的行业人员所掌握和使用。

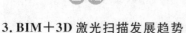

### 3. BIM＋3D 激光扫描发展趋势

3D 扫描技术有着广阔的应用前景,除了继续发挥其高精度、数字化操作等优势,3D 扫描技术应用有以下几个发展方向。

（1）与 GIS 结合

3D 扫描技术可以为建筑物提供真实的现场 3D 数据信息,作为整个 GIS 平台的数据基础,在智慧社区、智慧城市方面可提供巨大帮助。

（2）与 3D 打印结合

借助于 3D 扫描与 3D 打印集成应用,可实现实体打印物的快速建模,提高 3D 打印模型建立的效率。

## 3.2.6 BIM＋云技术拓展应用

云计算(Cloud Computing)是基于互联网的相关服务的增加、使用和交付模式,通常涉及通过互联网来提供动态易扩展且经常是虚报化的资源。云计算有以下两个突出优点。

一是成本低廉。由于云服务是按需部署,用户可以轻松扩展,不用担心不可预测的初始投资。与此同时,用户只为所使用的部分付费,降低运营成本,此外,还可以解放许多技术人力。

二是使用便捷。由于信息技术的应用位于互联网上,用户只要能连上网络就可工作。因此云计算提高了用户与不同地点的顾问、供应商以及合作伙伴的合作与协同。

云计算带给企业的将是商业模式的转变,这也包括建筑行业。云计算在 BIM 中的应用正处于起步阶段,但其巨大的潜力已被认可。第一,软件供应商可以创建的工具和云部署的系统以吸引更广泛的用户群;第二,许多项目的功能在云基础架构的优势上可以重新设计,同时还可以发明新的功能;第三,使用云为基础的项目服务可以轻易扩展,降低前期成本和总成本;第四,使用云服务,有助于打破不同进程之间的壁垒,通过实施集成的工作流程和项目范围内的协调可保证项目完整性。

### 1. BIM＋云技术的价值

BIM 技术与云计算技术进行集成应用,能够有效提升 BIM 技术的应用空间和应用成效,对于工程项目协同工作效率的提升具有重要的价值,体现在如下几方面。

（1）实现 BIM 模型的信息共享,提升多方协同工作效率

BIM 是一个共享的知识资源,BIM 技术在工程项目的应用过程中,不可避免地会涉及项目团队成员间的信息共享及协同工作等需求。由于工程项目具有走动式办公的特点,并且参与方众多,项目成员通常归属于不同的组织、地域。传统的项目管理信息化系统在面对基于项目的跨组织协作时面临着一系列的挑战,如跨企业的成员管理和授权、跨防火墙的外网访问等。在项目实践中,项目团队不得不利用 QQ、公共邮箱、FTP 等工具来共享模型文件,因为,这种离散的信息共享模式存在低效率和不安全等问题,如各方获得的文件版本不一致、项目文件被非授权人员获取等。

云计算为 BIM 模型信息的多方共享与协同工作提供了基础环境。通过在云端创建虚拟的项目环境并集中管理项目的 BIM 模型数据,项目各方能够安全、受控、对等地访问保存在云端虚拟项目环境中的模型文档和数据,并在各参与方之间实现构件级别的协同工作。

此外,云计算的"多租户"机制支持多项目运行,使得各参与方能够基于统一的平台同时参与多个项目,并避免项目之间的相互影响。

(2)拓展 BIM 技术在施工现场的应用能力

应用 BIM 技术需要强大的数据存储和处理能力作为支撑,受现场环境和设备条件的限制,BIM 技术在施工现场的应用也受到限制。依托云计算技术,BIM 模型可以直接保存在云端,同时将客户端 BIM 软件的计算工作移到云端进行,充分利用云计算的强大计算能力对其进行处理转换,解放了客户端,使得用户可以通过任意移动终端(包括浏览器、手机、PAD 等)访问到 BIM 模型数据,如图 3-11 所示。云计算技术让用户能够摆脱环境的限制,在施工现场也能及时获取所需 BIM 模型。此外,利用移动终端的拍照、视频、语音、定位等工具,施工现场的信息能够被及时采集并与 BIM 模型进行集成,从而在数字模型与物理模型间建立了一条链路,这也为 BIM 模型在施工现场的应用创新提供了更多可能性。

利用 AUTODESK BIM 360 便携终端软件,实时便捷的浏览项目云端模型,进行可视化技术交流,并可用于指导施工。

图 3-11　BIM＋云应用于施工现场

(3)降低了 BIM 技术应用的条件

由于 BIM 技术应用需要有较大的资金、设备、人员和时间投入。云计算以服务租赁的方式向客户提供 BIM 技术,能够有效降低 BIM 技术的应用门槛,让 BIM 技术应用惠及数量众多的中小型工程项目。

**2. BIM＋云技术存在的问题**

BIM 技术与云计算集成应用的过程中还存在下列问题。

(1)施工现场网络基础设施不完善

云计算能够将 BIM 能力延伸到施工现场,但需要有良好的网络带宽条件作为支撑。然而,目前我国大部分施工现场都缺乏联网条件,移动 4G 网络的覆盖率和资费标准也不足以满足使用需求。除了从应用层面进行机制创新(如增加对离线场景的支撑等),正在全面加强的网络基础设施建设将是根本的解决之道。

(2)对安全性和隐私性的顾虑

虽然公有云服务在国外发达国家已经被广泛应用于政府部门及社会各行各业,但我国云计算产业尚处于发展初期,相应的配套机制和管理体制还不够完善。因此,行业用户对于公有云服务的安全性和隐私性存在一定的顾虑。

（3）部分关键技术尚待突破

由于起步较晚，我国在BIM云涉及的一些关键技术上还存在瓶颈因素：例如，WEB/移动平台上大规模模型的显示技术、大规模模型数据的云端存储与索引技术等。

**3. BIM＋云技术发展趋势**

BIM技术提供了协同介质，基于统一的模型工作降低了各方沟通协同的成本。而"云＋端"的应用模式可更好地支持基于BIM模型的现场数据信息采集、模型高效存储分析、信息及时获取沟通传递等，为工程现场基于BIM技术的协同工作提供新的技术手段。因此，从单机应用向"云＋端"的协同应用转变将是BIM应用的一个趋势。云计算可为BIM技术应用提供高效率、低成本的信息化基础架构，二者的集成应用可支持施工现场不同参与者之间的协同和共享，对施工现场管理过程实施监控，将为施工现场管理和协同带来变革。

# 3.3　智能建造——建筑业的未来

进入21世纪后，随着科技的进步，人类越来越注重经济与社会的可持续发展，可持续发展是对环境友好且注重长远发展的一种模式。倡导可持续发展对建筑业尤其重要，目前，中国建筑业整体规模处于世界领先地位，长期粗放型的经营模式已经对环境产生了很大的破坏。中国人口数量多，如果环境持续恶化，未来的子孙后代将找不到安身之所，因此，通过新技术对建筑业传统的经营模式进行革新是刻不容缓的。由于BIM理念与可持续发展似乎不谋而合，因此，它也就具备了强大的生命力。BIM不仅是一种提高工作效率的替代技术，更是一种全新的、规范建筑活动的工作模式。

随着绿色建筑理念的发展，BIM逐渐成了人类对环保建筑追求的期望。虽然，现阶段的BIM应用还有诸多不成熟，还存在诸多问题，但它是一种正在发展的新技术，未来的应用也会越来越广泛。近年来，许多的BIM愿景正在逐渐变为现实，以及建筑业受其影响发生的潜移默化的改变，可以预测在未来的5～10年，BIM将有可能成为建筑业主要的技术和手段，BIM的成功案例将会越来越多。

## 3.3.1　驱动力与潜在障碍

**1. 发展驱动因素**

经济、科技和社会因素可能推动未来BIM工具和工作流程的发展，这些因素包括：全专业化、国际间可持续发展的驱动力，以及工程和建筑服务的商品化、施工方法的设计施工统包、合作团队的增加和设施管理信息的需求等。

智能化、全球化将逐渐消除国际贸易壁垒，使得工程项目施工时可以在全球范围内选择性价比高的建筑组件生产基地和制造商，建筑组件可以运送至很远的距离并得到正确的安装，同时，对高度精确和可靠设计与安装信息的需求也会增加。设计服务的专业化和商品化是另一种经济的驱动力，将有利于BIM的应用，作为更好的技术，如产生渲染图或执行可视化分析以及远距离协同工作等，BIM将充分发挥上述优势。

可持续发展是对建设成本、建造价值、施工质量的一种新的审视，建筑和设施的真实成本目前来说并没有被市场化,可持续发展可以改变这种现状。绿色建筑的发展和零能源消耗压力的驱动,将会彻底改变建筑材料的价格、运输成本以及建筑运营方式。建筑师和工程师将被要求提供更多的节能建筑,使用可以回收的建筑材料,这意味着整个建筑活动需要得到更准确、更广泛的分析,而 BIM 恰恰支持了这些功能。

设计与施工一体化的项目,或使用 IPD 模式交付的项目要求设计和施工之间要密切合作,这种合作也会推动 BIM 的应用和发展。此外,软件厂商的商业利益以及不同软件产品之间的竞争,将是 BIM 系统强化和发展的根本动力,BIM 的内在价值、对信息模型的处理品质等吸引业主青睐的特征也是推动其发展的重要经济驱动力,其中包括对模型品质、建筑产品、可视化工具、成本估算、决策等环节的提升,以及能够在设计和施工中减少浪费,降低建设和生命周期维护成本。再加上维护和运营模式的价值,BIM 所带来的滚雪球似的价值效应,使得更多业主会在他们的项目中要求使用 BIM。计算机运算能力的进步和信息技术的持续发展,使得远端感应技术、计算机控制技术、信息交换技术以及其他技术会越来越先进,软件开发商利用自身的竞争优势,可以充分打开 BIM 发展的局面。此外,另一种可能促进 BIM 进一步发展的技术是人工智能。对于以专家系统为目标的发展,如法规查核、品质评价、规范协调、设计指南等,BIM 也是一种方便的应用平台,而且这些努力已正在进行中,假以时日,将成为一种标准的方法。

信息标准化是 BIM 发展的另一种驱动。建筑类型和空间类型等作为定义的一致性以及建筑专有名词的无歧义性,将有利于电子商务以及日益复杂和自动化的工作流程。当然,信息标准化也可以推动私有或公有的参数化建筑构件数据库的管理与使用,以及其内容的创新。无所不在的信息读取和构件数据库的完备,使得具备综合功能的计算机模型更有吸引力。

移动式计算机运算、位置识别和通感技术的日益强大将使得 BIM 建筑信息模型在施工现场的作用更大,也有助于更快、更准确地施工。此外,GPS 导航已经成为自动化的土方工程设备控制系统的重要组成部分,类似的 BIM 和 GPS 的结合也将更多应用于施工过程中。

**2. 潜在障碍**

BIM 的进步在未来的十年也仍将面临诸多障碍。这些障碍包括技术上、法律法规上的障碍,习惯于传统的商业模式和旧模式,以及需要投入大量的专业教育等。

设计和施工是一种特别强调协同工作的过程,BIM 比 CAD 更能实现紧密的协同合作。但是,这需要对传统设计、施工领域的工作流程和商业关系做出改变,以增加彼此责任和促进协作。就目前来说,BIM 工具和 IFC 文件格式尚未充分解决支持管理和模型发生变化的更新机制,也没有充分具备处理团队合作中合约责任问题的能力。

此外,不同设计师和承包商的经济利益可能是另一种障碍。在建筑活动运作的商业模式中,目前只有设计师能取得小部分 BIM 的经济效益。从 BIM 的价值来看,承包商和业主虽是主要的利益获得者,但尚未有一种明确或直接针对设计师可建立丰富信息模型的机制存在,同时对建筑性能化设计有利的 BIM 合约,可能并没有在正式合约中出现。

开发商往往喜欢在体量很大的工程项目中才应用 BIM,其中对 BIM 的挑战要具备针对专项工程的专门功能,这些专门功能包括对项目可行性分析的概念设计,以及不同承包商和预制系统所需要的专门软件等。针对 BIM 软件的开发多是资本密集型的厂商,为了专门满足某些建筑承包商需要的先进工具,这些厂商可能要承担很大的商业风险,只有一些具备雄

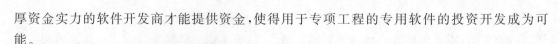

厚资金实力的软件开发商才能提供资金,使得用于专项工程的专用软件的投资开发成为可能。

影响 BIM 工具未来发展的趋势是什么?除了可以预期的是所有的软件将会对人机界面进行改善外,BIM 工具期待在以下几个方面做出显著增强:

(1)进一步改进数据的导出和导入能力,例如 IFC 标准的数据交换能力。市场的发展需要这一改进,软件供应商也应遵守这种规律提供共享的数据接口。但为了自己的商业利益,软件商们也将继续有第二种选择,即在每个 BIM 应用平台上尽可能扩大其公司产品的应用范围,使日益复杂的建筑设计和施工在同一平台上使用其公司内部的相关工具,而不需要进行外部的数据转换或交换。

(2)为特定建筑类型(如单个家庭住房)打造的精简版 BIM 工具,已经面世一段时间。如果这些精简版 BIM 工具的数据可以导入专业的 BIM 工具中,只要将模型数据传输到实际设计和施工的专业人士项目中去,就可以使每个人都能够建造自己梦想的建筑物。

(3)一些远离计算机桌面、利用网络的简易客户端工具将成为应用趋势。这些应用工具将利用后端 BIM 模型服务器来提供前端服务,新一代的 BIM 工具将支持随时随地进行的功能,包括平板电脑和智能手机应用工具界面的开发。

(4)一些 BIM 工具将更加支持复杂建筑的整体布局和细部设计,也有望类似 20 世纪 80 年代 CAD 技术的相同方式进入市场。4D 进度软件将会制定更详细的装配、安装、建造过程,并支持模拟扩展功能。

图纸是二维时代设计产品的最终成果表达形式,其根本是以纸的形式为媒介,是各种绘图符号和制度规范的演变。图纸在建筑活动中起到很重要的作用,设计师用它来表达设计作品,承包商依靠它指导施工,业主依据它来进行运维管理。面对优越的三维建筑信息模型,图纸最终可能会完全消失,从而让位给计算机屏幕和各种终端显示设备。因为这些设备可用于更有效地指导工作复杂的图形,也可以通过三维建筑信息模型进行实时提取和查看。

在设计领域,可视化格式将取代绘图格式,为参与的各方如业主、咨询顾问、投资者、居住者等制定不同的形式,这些形式包括标准的虚拟可视化影片并配以声音和触觉反馈内容。用户控制的虚拟视觉将成为对模型进一步审视的手段,例如,业主可能需要的空间数据、开发商可能要查询的出租率等。充分整合这些服务以及收费体系,将增加建筑服务的价值。

## 3.3.2  智能建造与提高就业技能

### 1. 智能建造

新一代信息技术和新一代人工智能与制造业的深度融合,正在引发深远的变革。为了在世界制造业格局变化中占据有利地位,德国提出"工业 4.0",美国提出"工业互联网",中国提出了"中国制造 2025",其主攻方向就是智能制造。在智能制造政策体系、范式构建、人才培养、实践探索等方面各有着墨,但力度不尽相同,有些俨然走在前面,而诸如人才培养等方面,依然缺乏有力支撑。

为此,2017 年教育部高等教育司启动了新工科建设,审批设置了智能制造工程、智能医学工程、智能建造、大数据管理与应用等新工科专业。2018 年 3 月 5 日,教育部公布《2017年度普通高等学校本科专业备案和审批结果的通知》中,教育部发文首批同济大学等四所高校率先开始"智能制造工程"新工科专业,同济大学是 2018 年获批"智能建造"专业的唯一高校。

同济大学土木专业现在是全世界排名领先,2018 年开始招收一个新的专业"智能建造",这个事件有着深远的意义。首先看看原来的土木专业,自从 1998 年国内高校将建筑工程与路桥合并为大土木以来,就几乎没有变化过。名称上使用中国古老的土与木,实际对应着美式的 civil engineering(土木工程专业出现于 19 世纪美国西点军校,civil 是指民用,相对于军事工程而言)。

20 年间,土木专业为中国的建设事业贡献了数以百万计的工程师,在与工程施工人员的配合下,完成了数以百亿平方米的建筑和无数路桥工程,中国的基础设施建设面貌一跃成为发展中国家的标杆。然而,这一切却是由非常传统古老的专业造就的,随着整个基建规模的增长放缓,可谓是夕阳专业。现在同济大学正在努力将这一专业转型为指向未来的新兴专业:智能建造。"智能建造"技术涉及学科多、跨度大,同济大学"智能建造"专业将以土木工程为核心,结合建筑与城市规划、机械工程、电子与信息工程、计算机科学与技术、经济与管理科学等学科共同建设。

建筑业一直提倡的智能建造与 BIM 是相得益彰的,可以携手促进行业进步。精益思想用于建筑设计时意味着通过消除对业主没有直接价值的不必要过程和阶段来减少浪费,诸如减少出图、降低错误和重复工作、缩短工期等,而这些目标通过 BIM 都是可以实现的。

为具有洞察力的消费者生产高度客制化的产品是精益生产的主要驱动力。针对个体产品生产周期的减少,是必不可少的组成部分,因为它有助于设计者和生产者更好地应对客户不断变化的需求。在减少设计和施工时间方面,BIM 被认为可以发挥至关重要的作用,但其主要影响是可以有效地分解设计的持续时间。概念设计快速地发展、通过可视化和成本估算与业主的高效沟通、与工程顾问同时进行设计发展与协调、减少错误并自动化产生文件、促进预制的发展等都有助于发挥 BIM 的作用。因此,BIM 将成为建设领域不可或缺的工具,不仅是因为其能够带来直接的好处,更多的是它有助于促进精益设计和施工。

明确界定管理和工作程序是智能建造的另一个方面,因为它们允许结构式实验以便改善系统。例如,美国的一些建设公司已经率先在其项目中定义并使用 BIM 标准,公司经营方式的规范将成为建设企业业务成功拓展中的重要组成部分。

建设企业近期的目标可通过建筑信息模型 BIM 将企业资源 ERP(Enterprise Resource Planning)进行集成。信息模型将成为劳动力与材料数量、施工方法、资源利用率的核心信息源,将发挥举足轻重的作用,并集成用于施工控制自动化所需的信息,这些集成系统的早期版本已在 2015 年以插件的形式出现并添加到 BIM 设计平台中,对于施工管理,被添加到建筑平台中的应用工具可能会有功能上的限制,这是因为对象类之间的关系和施工所需要的集成信息存在差异,施工所需要的 BIM 平台,在建筑设计和详细等级上会存在互补性的限制,在形成集成的建筑信息模型后,专用的应用工具将会完全成熟,可能会以以下三种方式组合发展:

(1)细部构件生产供应商将其对象添加到模型工具包和资源中,并根据施工企业的做法,具备可以迅速细化的参数功能。植入这些系统后,其将成为施工计划的应用工具和施工管理系统,结果将是非常详细的施工管理模型。

(2)以企业资源计划 ERP 为标准的应用系统可以设定活动链接,以便与 BIM 模型进行链接。虽然这类应用系统仍保留以外部形式连接的接口,但提供了应用 BIM 的工具界面。

(3)全新的以施工为主的 ERP 应用系统植入施工信息模型中,紧密集成施工所需要的功能以及业务和生产管理功能。

不管采取上述什么路线,都将会对施工企业带来更为先进的工具和施工管理能力,以及针对公司单独的项目集成职能部门信息的能力。例如,典型的例子就是可以实现劳动力和设备在多个项目中的平衡分配,以及协调小批量交付等就是可以实现的典型例子。

一旦建筑信息模型 BIM 与 ERP 系统完全集成,自动数据采集技术如激光扫描、GPS 定位等都将在现有施工、工作检测与物流中成为普遍的模式。这些工具将取代现有的测量方法、大型建筑的布局,模型植入也将成为一种标准做法。

随着全球化趋势的发展和 BIM 功能的提升,将使建设活动与商业信息高度集成,促进预制建筑的发展,促进建筑业与相关联的制造业形成更紧密的关系,从而使现场工作量降至最低,但这并不代表就是大规模生产,而是转向对高度定制化产品的精益生产。尽管每栋建筑都会有自己独特的设计特征,但 BIM 可以确保每个构配件在交付时即具备高度的匹配性,以便于现场精确地组装。需要注意的是,对于地下结构部分仍然以现场施工为主。

**2. 提高技能和就业能力**

由于 BIM 是一种远离图纸生产的革命性转变,因此所需的技能组成是完全不同于 CAD 的,设计人员所熟悉的二维 CAD 时期为制作设计和施工图纸所需要的特定符号和语言将不复存在。无论是在纸张或屏幕上,制作二维表示图都是费力费时的行为,而 BIM 要求的是对建筑物进行友好的建造,即任何人都可以理解的"所见即所得"原则。因此,对于熟练的建筑师和工程师,直接针对模型处理是合理的,而不是指导别人为他们做这类工作。如果仅将 BIM 看作是一种复杂的或升级版 CAD 的话,设计师对设计方案能够快速地讨论和评估的能力将会被忽视。

在 BIM 全面普及之前,BIM 应用者的等级将从草图绘制到详图绘制和设计师角色转换,其中,初级应用者最容易成功转型。在传统的分类中,多数设计公司的职员都按设计师和文档管理员进行分类,但当设计师能够直接处理模型时,就会逐渐不需要文档管理员的工作了。在先进技术普及的早期,一般是由少数熟练者使用,由于供给和需求的不平衡,这些早期应用者将获得高薪报酬。随着时间的推移和技术的普及化,这种影响将逐渐减缓,从长远来看,通过 BIM 产生的更大生产力必将导致设计人员平均工资的集体上升。

当然,随着时间的增加,BIM 工具应用界面也将变得更加直观。伴随着其他信息技术的发展,BIM 操作系统将获得更好的装备,到那个时期,设计师直接建模将成为常态。虽然这些角色都是直接建立在当前 BIM 工具应用的基础上,但产生集成平台环境所需要的可持续性、成本估算、制造、BIM 工具与其他工具的结合,将会促使新的专门性角色产生。目前与能源有关的设计问题,通常由设计团队内的专家来处理,同样,与新材料相关的价值工程分析也将由专门人员来完成。在这种情况下,许多新的角色将会出现在设计和制造领域,他们将会解决专门性的和日益增长的多样化问题,这是一般设计师和承包商所不能胜任的,他们将成为设计与施工服务领域的新成员。

### 本章小结

　　本章主要介绍了 BIM 与建筑工业化概念和特点,建筑工业化的发展历程,产业化住宅的概念,BIM 在建筑工业化中的应用;BIM＋VR、BIM＋GIS、BIM＋3D、BIM＋RFID、BIM＋3D 激光扫描和 BIM＋云技术等的拓展应用;建筑业的发展方向是"智能建造",学习智能建造知识与提高就业技能间关系。

### 思考与练习题

　　3-1　建筑工业化有哪些特点?

　　3-2　BIM 技术在建筑工业化工程中具体应用体现在哪些方面?

　　3-3　"BIM＋"拓展应用可以和哪些技术相结合?

　　3-4　"BIM＋"拓展应用的核心价值是什么?

# 第4章

# BIM应用工程实例

本章要点和学习目标

**本章要点：**

本章选取4个典型BIM应用工程案例，分别是上海中心大厦、沈阳建筑大学中德节能示范中心、沈阳市装配式建筑南科大厦和沈阳市南北快速干道工程综合管廊，将从不同内容和角度给读者一个感性认识。

**学习目标：**

(1)熟悉项目全周期的BIM应用。

(2)了解被动式绿色节能建筑BIM应用。

(3)了解装配式建筑BIM应用。

(4)了解城市综合管廊BIM应用。

## 4.1 上海中心大厦

### 4.1.1 项目简介

上海中心大厦项目位于上海浦东陆家嘴地区，主体建筑结构高度为580 m，总高度632 m，共121层，建成后有望成为新的中国第一高楼，在世界超高层建筑中排名前三（见图4-1）。

上海中心大厦总建筑面积57.6万 m²，其中地上建筑面积38万 m²，绿化率33％。总投

图 4-1　上海中心大厦

入将达 148 亿元,施工前项目预计在 2012 年 12 月在低区办公及裙房部分试营业,2013 年 12 月主楼结构封顶。2014 年 12 月竣工交付使用,建设周期为 72 个月。

　　上海中心大厦围绕可持续发展的设计为理念,力求在建筑的全生命周期,实现高效率的资源利用,把对环境的影响降到最低,大厦以中国绿色建筑和美国 LEED 绿色建筑认证体系为目标,力争成为中国第一座得到"双认证"的绿色超高层建筑。

## 4.1.2　项目挑战

　　上海中心大厦项目沿用了目前国内普遍采用的"设计、招标、建造"的项目管理模式,按照线性顺序进行设计、招标、施工的管理工作,上海中心大厦建设发展有限公司作为上海中心大厦项目的建设单位,在项目开发建设过程中面临巨大的挑战。

**1. 成本控制难度大**

项目复杂,不同的参与方在不同阶段参与项目,设计与施工的协调困难导致潜在的变更风险大,造成的项目返工和延误将使建设单位利益受损。同时,建设周期长使得建设单位管理的成本相对较高,也易导致投资成本失控,而且,上海中心大厦建设发展有限公司还负责建成后的运营工作,如何提高建筑运营的管理水平,控制运营成本也是公司关注的问题。

**2. 信息量大,有效传递难度大**

上海中心大厦项目的规模庞大,涉及的设计、顾问、施工、供应商、监理等单位众多,彼此之间的信息传递线路极为复杂、沟通困难,产生的文件和数据数量惊人。图纸、说明书、分析报表、合同、变更单、施工进度表等,信息量大且缺乏有效的管理。如何保证所有资料的高效传递、权限准确、版本一致、历史纪录有据可查,成为必须解决的问题。

**3. 行业整体生产力水平较低**

建筑业整体生产力水平较低,行业整体经济效益、劳动生产率、队伍综合素质、资金融运能力、国际市场竞争能力以及科技管理水平比较低,上海中心大厦作为我国在建的最高的地标性建筑物,设计施工技术难点多,项目管理难度大,需要更多新技术的支持,以提高企业市场竞争力,进而带动和影响行业的发展。

因此,为了提升上海中心大厦项目的工程信息管理水平,保证项目的顺利推进,上海中心大厦建设发展有限公司提出建立基于 BIM 的工程信息管理系统,从建筑的全生命周期的角度出发,以现代信息技术为手段,在建筑的设计、施工、运营全过程中有效地控制工程信息的采集、加工、存储和交流,用经过处理的信息流指导和控制项目建设的物质流,支持项目管理者进行规划、协调和控制。

## 4.1.3 项目全周期 BIM 应用

上海中心大厦项目从 2008 年年底开始全面规划和实施 BIM 技术,通过与项目设计方、施工方和业内专家的合作,推动项目在设计和施工过程中全方位实施 BIM 技术。

上海中心大厦项目的方案及扩初设计总包为美国 Gensler 建筑设计事务所,负责建筑设计。上海中心大厦塔楼设计采用螺旋双曲面玻璃幕墙,形体空间复杂,Gensler 建筑设计事务所会同其结构设计分包 TT,采用 BIM 设计理念,不仅解决了复杂曲面的平立面定位的问题,而且基于 BIM 技术的三维设计协调,确保了建筑与结构专业的协同工作。图 4-2 为项目设计阶段的 BIM 模型 6 区示意图。

在扩初阶段结束后,Gensler 将生成的 BIM 设计模型传递给了负责项目施工图设计的同济大学建筑设计研究院。同济大学建筑设计研究院在着手进行施工图设计之初就充分认识到在如此复杂的工程中应用 BIM 的重要性,特别成立了 BIM 工作小组,利用 BIM 的所见即所得的设计方式,来配合施工图的设计。

在传统二维绘图方式中,很多空间碰撞的问题被忽视,设计师们基于二维图纸的沟通费时、费力、还无法保证图纸质量,而三维设计方式可以立体直观地展示空间的变化,基于 BIM 的工作方式通过三维模型的冲突检测,快速发现问题并予以解决,保证了设计图纸的质量,提高了设计效率。

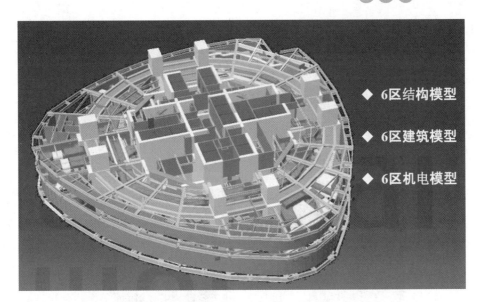

图 4-2　项目设计阶段的 BIM 模型 6 区示意图

同济大学建筑设计院在设计上海中心大厦项目的过程中,首先应用 BIM 工具创建了项目的建筑和结构模型,并通过模型的碰撞检测,发现了众多二维图纸各专业设计冲突的问题,如图 4-3 所示,对于图纸上管线之间的碰撞问题进行了有效排查。

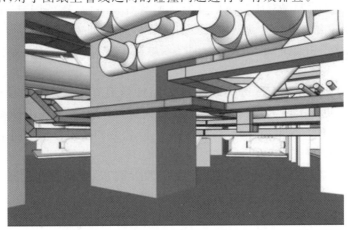

图 4-3　局部管线碰撞修改后 BIM 模型

这些设计问题的及时解决,确保了提交的施工图的质量,以地下室为例,地下室 17 万 ㎡ 的建筑结构施工图,在施工方进行施工深化的过程中没有发现一个专业不协调的问题,这在使用传统 CAD 技术的项目中几乎是不可能做到的。

上海中心大厦项目的机电部分系统复杂,设备管道数量众多,设计协调工作显得尤为重要,同济大学建筑设计研究院同时也应用 BIM 技术进行机电设计,通过三维设计手段解决了之前二维方式很难解决的管线综合问题,特别是项目中管道设备极其集中复杂的设备层,不用 BIM 技术,基本是无法保证其设计质量的。

BIM 技术解决了长久以来需要花费许多资源去解决的施工阶段出现的设计图纸错误的问题,将施工图纸的低级错误降低到最少,大大减少了项目变更和返工的风险。图 4-4 为项目中机电部分发生碰撞的示例。

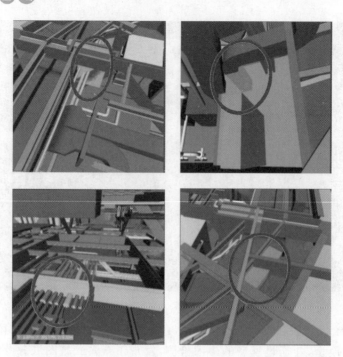

图 4-4  项目中机电部分发生碰撞的示例

上海中心大厦建设发展有限公司把整个 BIM 设计模型传递给施工方,模型数据的重复利用,可以省去在各方应用中重新创建模型的时间和成本,并且减少错误。进入施工阶段,BIM 模型可以继续用于支持施工的方案优化、四维施工模拟、质量监控及施工现场的管理,提高施工过程的数字化水平。

上海中心大厦建设发展有限公司还计划将 BIM 模型应用到运营阶段时,基于 BIM 技术的运营管理方案更加关注资产及设施的全生命周期的管理,保证业主投资的有效回报,不断得到资产升值,而且实现可视化管理,方便业主、运营方和使用者从不同角度出发,对所有的设施与环境进行规划和优化。

虽然项目在未到运营阶段时,很多运营时需要的项目数据都是在设计和施工阶段产生的,如果在项目建设过程中就注意收集整理,就可以避免后期运营所需的信息在前期被丢失,并减少到运营阶段再录入数据的重复工作,上海中心大厦建设发展有限公司建立了项目跨企业边界的网上文档协同管理平台,确保项目所有信息及时准确地收集和共享,便于项目各参与方的沟通协调,提高各参与方协同工作的效率。

## 4.1.4  项目展望

从建筑的全生命周期管理角度出发,在上海中心大厦项目上应用基于 BIM 的工程信息管理系统将帮助建设单位更好地控制工程质量、进度和费用,保证项目的成功实施。得到完整的 BIM 数据库,达到项目全生命周期内的技术和经济指标最优化,上海中心大厦建设发展有限公司相信上海中心大厦项目必将成为国内 BIM 技术应用的典范,为促进行业技术进步和科技创新发挥巨大的作用。

## 4.2　沈阳建筑大学中德节能示范中心

### 4.2.1　项目简介

　　坐落于沈阳建筑大学校园西南侧的中德节能示范中心是沈阳建筑大学与德国达姆施塔特工业大学、德国达姆施塔特应用技术大学共同合作设计的节能示范项目,由辽宁省政府和沈阳建筑大学共同投资建设。中心建筑面积 1 600 m²,共三层,其中地上二层面积 1 040 m²,地下一层面积 560 m²,已于 2015 年 5 月建成(图 4-5)。

图 4-5　沈阳建筑大学中德节能示范中心效果图

　　中心以“被动式技术优先、主动式技术辅助”为设计原则,通过引进德国被动式建筑节能技术,应用新型节能理念和保温节能构造体系,能耗管控体系等技术手段,全面展示了严寒地区被动式低能耗建筑设计理念和绿色建筑集成技术的系统结合,充分体现了“绿色建筑”和“超低能耗”的建筑节能理念。中心的预认证目标为我国绿色建筑评价标识三星级、德国 BNB 评价标识金级和美国 LEED 铂金级。目前已经获得我国绿色建筑三星级设计认证标识证书。

### 4.2.2　项目挑战

　　沈阳建筑大学中德节能示范中心作为辽宁省城镇公共建筑碳节能示范中心,以美国 LEED 铂金级、德国 BNB 评价标识金级、中国绿色建筑评价标识三星级为设计标准,在缺乏相关标准与规定、可参考经验非常有限且需综合考虑多方面因素的情况下进行设计,项目开发建设过程中面临巨大的挑战。

**1. 项目设计高标准、多目标**

该工程作为一项示范性工程,以超低能耗为主要设计目标,同时要实现对建筑本身运营的各种状况进行全方位的健康、测试及智能控制，并将这些状态结果全面地展示出来，从而准确而实际地了解到本项目建成后建筑本身运营的即时状态与建筑各种能耗指标和室内环境状况之间的变化关系，能够同时实现多个高标准目标。

**2. 技术难题高**

该项目以"被动式技术优先、主动式技术辅助"为设计原则，引进多种被动式建筑节能技术手段，大量运用多种节能技术体系及绿色建筑技术措施，但不只是这些技术的简单组合，在实际设计过程中仍需综合考虑多种因素。

**3. 被动式建筑在国内的研究局限**

在被动式超低能耗建筑的研究方面，2015 年 5 月 1 日河北省被动房地方设计标准是中国首个被动房设计标准，项目建设之初我国尚缺乏配套的设计标准，并且也无相关建设案例。虽然德国作为被动房的兴起国家，是世界上被动房技术水平和发展最好的国家，但其被动房标准，并不适合我国严寒地区。

**4. 绿色建筑在发展过程中存在较多问题**

首先，绿色建筑的开展往往限于表面，常常是建筑设计完成之后才进行认证申报，因而往往造成节能技术的生硬叠加；其次，当前绿色建筑采用基本相同的节能策略，导致虽然从技术角度看似效果不错，但从设计上来讲如何在设计阶段应用被动式节能策略就显得苍白无力；此外，绝大部分绿色建筑，只取得设计标识，当前取得运用标识的仅有 6%，缺少可以借鉴的经验。

因此，为了实现中德节能示范中心项目较高的标准及多个目标，在设计过程中运用 BIM 技术来辅助建筑方案设计。项目根据几款 BIM 主流建筑性能分析软件和平台，进行协同运用，对建筑性能分析的准确性和直观性进行分析和探讨（图 4-6）。通过定量分析等方法，在项目实际建设场地模拟不同被动及主动策略下的方案，比较其优劣，并取得了很好的效果。

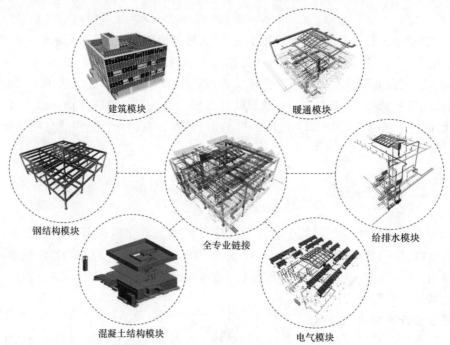

图 4-6　运用 BIM 技术辅助建筑方案设计

## 4.2.3　被动式绿色节能建筑设计 BIM 应用

基于项目全生命周期的 BIM 模型是对建筑评估各项指标进行研究的基础,通过对 BIM 模型附加各类信息,可以基于 BIM 模型在生态、能耗、荷载等各个方面的分析模拟等研究对设计结果进行优化。

设计人员在利用 BIM 核心软件进行设计过程中,会添加大量可供性能分析软件进行计算的基本数据,包括几何数据、材料属性、构件信息等。只需要将包含以上信息的模型文件导入性能分析软件中,通过修改每次方案的参数,就可以得到分析的结果。

模型在导入性能分析软件前,需要经过简化和加工的过程,如建筑中的柱或者栏杆等,这种对能耗分析过程几乎不产生影响反而会增大计算机工作量的族构件,需要首先被删除简化。

由于能耗分析中,按照空气系统进行分区,每个区的内部温度一致,所有门、窗和墙体等围护结构的构件都被处理为没有厚度的表面,但在实际建筑设计当中,墙体是有厚度的。为了解决以上问题,该项目在开始设计建筑时就按照“区”的概念进行设计,建筑由“区”构成,然后再加上建筑围护结构。这样就避免了重复建模,设计阶段的模型也就可以直接用于模拟设计。

首先,该项目对于绿色进驻的生态数据进行了采集,包括太阳辐射、焓湿图等气候数据,以及建筑材料属性信息,以便 Revit 及 GBS 对生态性能的协同分析。

其次,设计者应用 BIM 协同软件辅助建筑布局与形体分析。对于建筑的最佳朝向及场地分析、建筑间距及布局的确定过程中主要通过 Ecotect 软件对日照阴影分析、运用 Flow Design 软件模拟不同建筑组团模式在不同主导风向下的情况并进行对比。在辅助建筑形体的优化过程中,设计者基于概念体量建筑形体系数的计算方法,采用 Insight-Solar Analysis 和 Simulation-CFD 软件分别将日照辐射和通风影响因素考虑其中(图 4-7)。

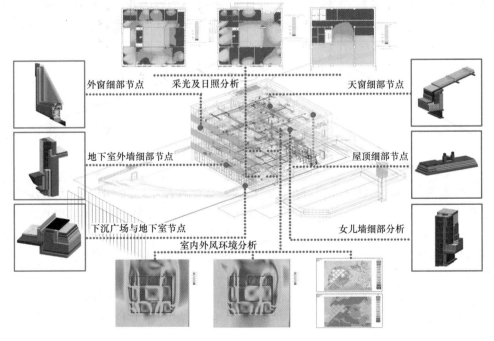

图 4-7　运用 BIM 技术辅助建筑能耗分析

此外,一方面,在国内绿色建筑设计标准要求下,设计者主要使用 Ecotect 对自然采光进行模拟,同时 Radiance 辅助对中庭天窗进行模拟以三维渲染图形结果进行输出;另一方面,设计者基于美国 LEED 标准对建筑采光进行模拟,主要采用 Insight-Lighting Analysis 平台以直观云图方式和数据列表两种形式输出,确保项目满足设计目标的同时节能效果最佳。

设计者还基于 BIM 的 Revit 软件协同其云端平台 Green Building Studio 对于建筑综合能耗进行了模拟和节能优化。

### 4.2.4　项目展望

不同于国内传统的绿色建筑,示范中心引进了德国被动式先进节能技术,并在此基础上进行创新与开发,充分发挥了 BIM 技术在建筑节能设计方面的优势,体现了"绿色建筑"和"超低能耗"建筑设计理念。建成后的示范工程将成为中德绿色建筑及建筑节能技术的教学科研基地,成为中德各企业展示相关绿色技术和建筑节能技术及产品的平台,同时也将成为 BIM 技术在被动式绿色节能建筑设计方面的一个典范。

# 4.3　沈阳市装配式建筑南科大厦

### 4.3.1　项目简介

作为首个国家现代装配式建筑工业化示范城市,沈阳南科大厦(图 4-8)(沈阳市装配式建筑南科大厦简称)是沈阳最早的一批装配式建筑。它坐落于辽宁省沈阳市浑南新区高科路,占地 8 037m²,总建筑面积 5 万 m²。

### 4.3.2　项目挑战

按照传统装配式结构设计方法,从设计到施工这一路,沈阳南科大厦走得并不轻松,在整个过程中暴露了很多装配式建筑的常见难题。

首先,传统装配式结构设计过程中常以现浇式结构作为分析,从实际应用情况来看,这样做最大的弊端是预制构件深化过程中产生的预制构件存在着尺寸不统一、型号不标准、过于复杂的现象,构件往往达不到市场的实际需求以及工业标准,不利于标准化和工业化设计,也不利于工业量产。在预制构件深化过程中,尽管已经按照"少规格"归并思想尽可能地减少预制构件的种类,但还是产生了很多节点复杂、种类多样的预制构件,这对于预制工厂是个严峻的挑战。

其次,传统的装配建筑模式的建设、设计、工厂制造、现场安装三个阶段是分开的,预制构件不合理的设计,往往只有在安装过程中才会发现,造成变化和浪费,甚至影响质量,这个弊端同样严重阻碍了中国装配式工业化发展。

图 4-8  沈阳南科大厦

所以,为了积极高效地解决这些问题,应当意识到传统的先整体再拆分的设计理论的巨大缺陷性,在实际的构件设计中,必须要选取运用以 BIM 为基础的装配式设计进行实际的设计,提升建筑信息化。

### 4.3.3  装配式建筑 BIM 应用

针对沈阳南科大厦遇到的难题,基于 BIM 构件库的装配式结构设计方法可以很好地解决。基于 BIM 构件库的装配式结构设计流程,开始于 BIM 建筑设计方案,结束于从 BIM 构件库调用。前后可以分为 BIM 模型拆分和组合两个部分,前一部分包括 BIM 建筑模型设计阶段和拆分构件阶段两部分,后一部分是 BIM 构件库组合阶段。

**1. 创建 BIM 建筑模型**

建筑师对整个项目的各个方面有了一定了解后,与甲方协定建筑方案。基于 BIM 构件库的技术的装配式设计方法,首先要创建 BIM 建筑模型,以每一层为一个设计模块,沈阳南科大厦的一个标准层详细见图 4-9。

值得注意的是,在 BIM 建筑模型设计阶段,要按照建筑设计方案的既定尺寸精确建模。可以说,准确的建筑模型创建是整个装配式设计中基础、重要的一步,是构件拆分的基础,也是结构分析的基础。

**2. 定义预制构件类型和添加其他结构相关参数**

在 BIM 建筑模型阶段,预制构件只有建筑几何尺寸。首先把建筑构件指定为一种通用预制构件类型,或者直接指定为现浇部分,然后对构件模型添加结构方面的自定义参数。整个步骤完成后,建筑构件变为了结构构件。

**3. BIM 结构模型的分析与计算**

建筑构件转为结构模型后,这一步主要分析和设计参数补充定义。指定装配式结构体系,随后设置风荷载相关参数、地震相关参数、活荷载相关参数、调整系数。例:调整系数包括梁端负弯矩调幅系数(装配式建筑可取 0.7~0.8,用来提高扩大跨中弯矩)、梁活荷载内

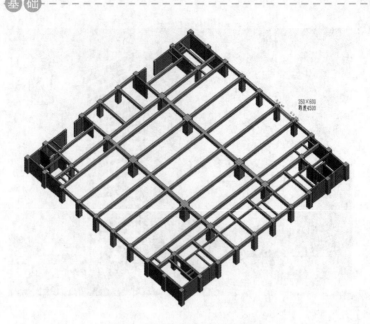

图 4-9  BIM建筑模型设计阶段

力增大系数(装配式建筑可取 1,装配式建筑活荷载一般不大于 4 kN/m² 时,不需要考虑活荷载的不利布置引起的梁荷载的增大)、梁扭矩折减系数(装配式建筑可取 0.4)、地震影响下的增大系数等。其他设计指标可以参考《建筑抗震设计规范》GB 50011－2010、《混凝土结构设计规范》GB 50010－2010、《装配式混凝土结构技术规范》JGJ 1－2014、《预制带肋底板混凝土叠合楼板技术规程》JGJT 258－2011、《钢筋机械连接技术规程》JGJ 107－2016 等规范规程。在以上基础上研发设计软件,进行装配式整体式结构和现浇混凝土结构的分析与计算,最后输出计算结果。

### 4.3.4  项目展望

传统装配式住宅设计方法一直存在着效率低下,标准化程度不高等弊端,主要是因为在预制构件深化阶段中产生过多尺寸和型号,不利于工业化生产,而且建筑信息在各工程阶段间传递失时失效。而沈阳南科大厦的建设就很好地规避了这些缺点,开展了基于 BIM 构件库的新的装配式结构设计思路的研究,并基于 BIM 构件库的装配式结构设计方法下对于支撑构件、预制楼梯拆分和组合步骤进行了应用。该项目率先将 BIM 技术应用于装配式建筑设计中,并取得了很好的效果,相信其必将成为国内 BIM 技术应用的典范,为促进行业技术进步和科技创新发挥巨大的作用。

## 4.4  沈阳市南北快速干道工程综合管廊

### 4.4.1  项目简介

沈阳市南北快速干道工程是沈阳市第一条城市隧道＋高架桥城市快速路工程,也是中国北方地区规模最大、结构形式最复杂、施工难度最高的城市快速路工程。工程南起科普公园，北至北三环朱尔屯立交，途经五爱街—风雨坛街—西顺城街—北关街—望花南街，工程路线全长16千米，采用高架与隧道结合方案。

　　工程分为南、中、北三段，其中：南段和中段为2座隧道，由五爱街科普公园至北关街和团结路交叉口北侧，全长5.5千米，双向4车道，宽21米。北段为4段高架，第一段由联合路至新开河路，全长1.3千米，第二段由一环柳条湖立交至二环望花立交路，全长1.1千米，第三段由二环望花立交至正新路以南，全长3千米，第四段由三家子以南至北三环朱尔屯立交路，全长2千米。其中第一段跨越铁路段机动车双向4车道，桥宽17.5米，其余三段机动车双向6车道，桥宽23.5米。如图4-10所示为沈阳市南北二干线快速路工程总体概况。

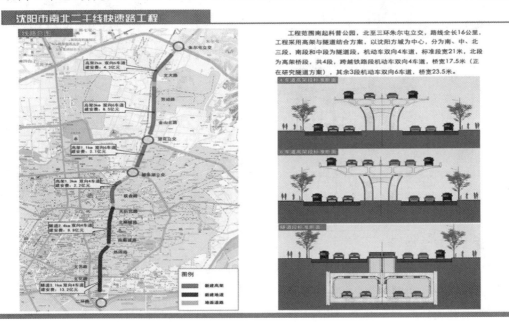

图4-10　沈阳市南北二干线快速路工程总体概况

## 4.4.2　项目挑战

　　本工程地处沈阳市核心区域，沿线途径城市核心商圈和重要街道，需考虑施工占道及横过路口等环节的施工组织方案，最大程度降低施工对城市交通的影响。并且工程建设涉及多种地下管线排迁，管线长度45.7千米，涉及多种专业，需要多方协作，困难重重，面临巨大的挑战。

### 1.地下管线排迁难度大

　　项目地下现有管线错综复杂，涉及电力、电信、给水、排水、热力和燃气等六种专业，涉及相关产权单位较多，既有管线排迁协调困难重重。同时，项目全段狭长，管线长度共计45.7千米，并且市区地形复杂，施工现场环境复杂，土方开挖面积大，施工主体及管线施工定位困难，如果依照传统管理方法进行施工问题繁多且效果欠佳。

**2. 管线二维设计困难重重**

对于采用传统 CAD 软件设计的图纸,为二维模式,但实际工程涉及的管线过多,极易使各管线发生碰撞,甚至既有管线与主体结构发生碰撞,造成误挖,而设计者难以发觉。另一方面,传统设计常常为各专业分工进展,彼此沟通交流少,而 CAD 软件不能将各专业的设计相关联,因而会造成一些问题,如管线的预留洞口位置确定困难。如图 4-11 所示为基于 BIM 的管线碰撞检查。

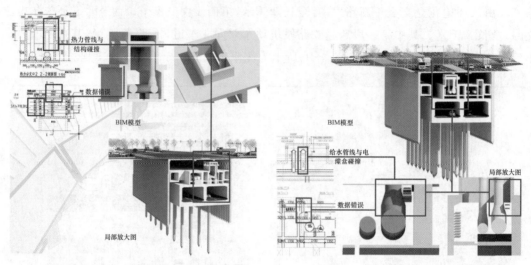

图 4-11 基于 BIM 的管线碰撞检查

**3. 施工过程复杂**

本项目涉及与多个产权单位进行协调,工程实际跨度较长,地处沈阳市核心地区,途径五爱街、风雨坛街、西顺城街、市府大道等城市主要街道,沿线分布中街商圈、五爱商圈、盛京皇城历史文化街区等重要商圈,并且地形复杂,潜在问题多,导致项目信息繁多、分散,施工过程控制困难,竣工交付成果冗杂,后续维护难度大。

## 4.4.3 综合管廊 BIM 应用

依据项目任务要求,第一阶段重点解决项目所急需的施工路段地下既有管线排布情况及其与主体结构之间的相对位置关系,以便为施工企业制定既有管线排迁、土方开挖、桩体施工等方案提供技术依据,以及在施工之前与各管线相关产权单位进行协调沟通提供更加直观、全面、准确的项目信息,从而大幅度提高项目施工效率。

项目首先对科普公园到南乐郊路(SK0-378~SK3-622.6)的地下既有管线和主体结构进行了 BIM 模型的构建(图 4-12),完成了地下既有电力、电信、给水排水、热力和燃气管线的 BIM 建模工作,形成一个综合、全面、系统性较好的既有管线数据库,并给出了每个路段地下既有管线排布情况及与主体相对位置关系的分析报告,为管线排迁、桩体施工、土方挖掘及与相关产权单位的沟通协调提供依据。

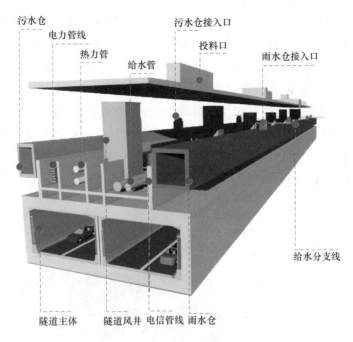

图 4-12　基于 BIM 的既有管线和主体结构模型

既有管线 BIM 模型依据沈阳市建委的管线存档资料等原始数据,然后借助物探技术对地下管线进行勘探,来得到最新的地下管线数据。模型的建立汇集了电信、电力、给排水、热力等产权单位的既有管线信息,使这些信息统一集成,使各种既有管线信息不再孤立存在。这对于下一步沈阳市综合管廊的建立是不可或缺的,为以后的综合管廊综合数据库的架构和平台有着重要意义,可以让决策者实时查看三维的管线位置信息和管线属性,为以后改扩建打下基础,有利于实现设施长久运行效率的评价。

其次,项目对于沈阳市综合管廊项目的附属设备用房主体结构及设备系统、隧道主体结构、管廊主体结构、雨水仓、污水仓、给水管线、热力管线及电信电力管线等进行 BIM 模型的构建,模型详细程度等级均达到 LOD300 以上,局部模型详细程度等级达到 LOD400,为项目深度应用 BIM 技术奠定基础。该项目沿线长,预留洞口达近 200 个,通过在 BIM 模型上精准地定位管线预留洞口的位置、尺寸、标高等,避免了在施工过程中对结构的二次开洞,保证预埋件、预留孔洞及控制放线定位准确,精度满足规范和设计要求;保护结构不受破坏的同时,减少重复工作量。运用 BIM 技术不仅降低了孔洞预留的难度,而且通过资源合理管理降低了施工企业成本。

此外,利用 BIM 技术对复杂节点进行深化设计,为其细部做法提供指导,能有效指导构件的制作和具体施工的焊接。

综合管廊模型的桩体放置,面临着一个工程现实和技术难题:综合管廊项目共 2.38 千米,位于市区,地势复杂,如果按照常规放置桩体,就面临着工作量大、烦琐、定位困难、信息不能批量写入,对后期桩体施工管理和工程量的统计有着很大的困难。基于这个背景下选择应用 Dynamo 对管廊的桩体进行放置,实现对建筑构件的"定制化"——更加便捷和精确地进行控制和调整。用 Dynamo 进行可视化编程(图 4-13),将创建的体量或构件进行逻辑性模块连接,最终运行出一个建筑的整体模型。以上过程将构件的排布转化为点的排布,把结构构件的管理转化为对点的管理,解决了桩体的排布问题。从信息管理角度来说,Dynamo 更是实现了对构件信息的集成管理,可以帮助施工方通过对模型构件的点击,来查看构件的坐标信息、物理信息等,实现精细到点的管理。

该工程在 BIM 建模的基础上构建了数据库,服务于综合管廊工程,用来支持后台数据服务,支持集中管理和分布式部署。综合管廊数据库内容包括项目人员信息、物探以及成果资料信息,其性能特点是涵盖工程不同阶段所对应的阶段信息,工程数据齐全,可同时满足规划、施工不同阶段、建筑装饰、机电安装以及竣工的数据要求。

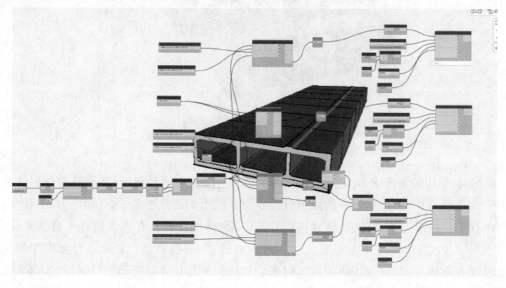

图 4-13　Dynamo 进行可视化编程

## 4.4.4　项目展望

基于 BIM 的沈阳市综合管廊模型的构建,首次引入 Dynamo 插件应用于管廊桩体的放置上,把结构构件的管理转化为对点的管理,解决了桩体的排布问题,实现了对构件信息的集成管理。此外,无论从模型构件的精细化程度,还是管线数据库构建的综合性、全面性、系统性方面而言,都是一个很好的案例,具有极高的实用价值,方便其在施工过程中与多个产权单位进行有效协调,并且为以后的改扩建打下基础,有利于实现设施长久运行效率的评价。

### 本章小结

本章通过 4 个典型 BIM 应用工程案例,分别是上海中心大厦、沈阳建筑大学中德节能示范中心、沈阳市装配式建筑南科大厦和沈阳市南北快速干道工程综合管廊,从不同内容和角度使读者有了一个感性认识。使读者了解了项目全周期的 BIM 应用、被动式绿色节能建筑 BIM 应用、装配式建筑 BIM 应用和城市综合管廊 BIM 应用。

### 思考与练习题

4-1　针对上海中心大厦项目开发建设过程中存在的问题,简述 BIM 技术实施途径。

4-2　简述被动式绿色节能建筑(中德节能示范中心)设计时 BIM 应用情况。

4-3　以沈阳南科大厦为例,简述基于 BIM 构件库的装配式结构设计流程。

4-4　简述综合管廊 BIM 模型构建流程。

# 下篇　Revit建模基础

# 第5章

# Revit 2019简介

 本章要点和学习目标

**本章要点：**

（1）Revit 2019 的界面介绍，包括：选项对话框、快速访问工具栏、功能区、上下文选项卡、项目浏览器、属性对话框、视图控制栏、View Cube 和导航栏等。

（2）Revit 的相关术语，包括：项目及项目样板、族和体量、图元的分类及层级、可见性和视图范围等。

**学习目标：**

（1）熟悉 Revit 2019 的界面介绍，包括：选项对话框、快速访问工具栏、功能区、上下文选项卡、项目浏览器、属性对话框、视图控制栏、View Cube 和导航栏。

（2）熟悉 Revit 的相关术语，包括：项目及项目样板、族和体量、图元的分类及层级、可见性和视图范围。

## 5.1 Revit 2019 界面介绍

Revit 是当前 BIM 在建筑设计行业的领航者。Autodesk Revit 借助 AutoCAD 的天然优势，在市场上占有很大的市场份额，Revit 系列软件包括 Revit Architecture、Revit Structure、Revit MEP 等，分别为建筑、结构、设备（水、暖、电）等不同专业提供 BIM 解决方案。Revit 作为一个独立的软件平台，使用了不同于 CAD 的代码库及文件结构，在民用建筑市场有明显的优势。Revit 软件的特点在第 1.5.1 节中进行了描述，本章将针对 Revit 2019 软件进行介绍。图 5-1 为 Revit 2019 界面及相关功能区。

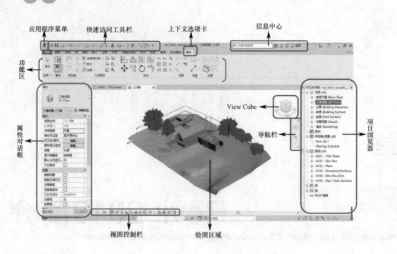

图 5-1　Revit 2019 界面及相关功能区

## 5.1.1　选项对话框

单击程序左上角的"R"下面的"文件"按钮,即可打开应用程序菜单,应用程序菜单主要提供对 Revit 相关文件的操作,包括"新建""打开""保存""另存为""导出"等常用操作命令。"导出"菜单提供了 Revit 支持的数据格式,可以导出 CAD、DWF、NWC、IFC 等文件格式,可与其他软件如 3dsMax、AutoCAD、Navisworks 等进行数据文件交换,实现信息共享,应用程序菜单如图 5-2 所示。

图 5-2　应用程序菜单

单击应用程序菜单中的"选项"对话框,选项对话框如图 5-3 所示。选项对话框中包含"常规""用户界面""图形""文件位置""ViewCube"等一系列选项卡。其中,在"常规"选项卡可以设置"保存提醒间隔""与中心文件同步提醒间隔""用户名""日志文件清理"等。在"用户界面"选项卡中可以设置选项卡和工具显示方式、"快捷键""双击选项"等。

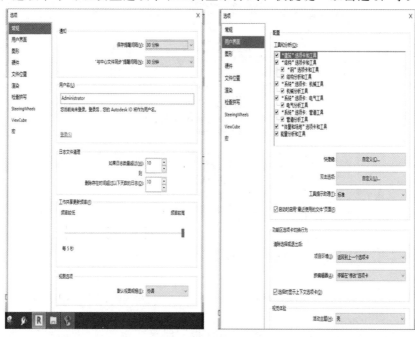

图 5-3　选项对话框

单击"快捷键"后的"自定义"按钮,可以对快捷键进行设置。软件支持快捷键搜索、快捷键指定等功能,如在搜索栏中输入"标注"字样,会在下面的对话框中显示与"标注"有关的所有命令和对应的快捷方式和路径;同时可以选择相应命令后按下"指定"按钮指定相应的快捷键,也可以选择命令后单击"删除"删除相关快捷键,"快捷键"设置方法如图 5-4 所示。当光标移动至有快捷键的相关命令如"门"时,稍做停留,光标旁会出现提示框,提示框中括号内大写字母"DR"即为"门"的快捷键。

图 5-4　快捷键设置方法

在"图形"选项卡下可以调节"背景"颜色、"选择"颜色、临时尺寸标注文字大小等。Revit 2019 支持将背景设置为任意颜色。"图形"选项卡相关内容如图 5-5 所示。

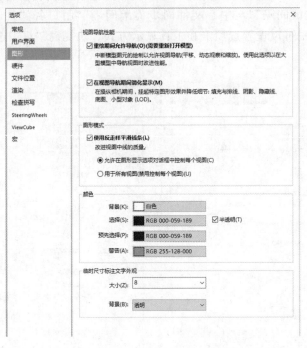

图 5-5　图形选项卡

在"文件位置"选项卡下，可以设置"构造样板""建筑样板""结构样板""机械样板"的文件路径，用户文件默认路径，族样板文件默认路径等。"文件位置"选项卡相关内容如图 5-6 所示。

图 5-6　文件位置选项卡

## 5.1.2　快速访问工具栏

　　"快速访问工具栏"是放置常用命令和按钮的组合,"快速访问工具栏"的按钮可以自定义。单击"快速访问工具栏"后的下拉按钮,即可弹出"快速访问工具栏"。单击"自定义快速访问工具栏"标签后,可以对这些命令进行"上移""下移"" 添加分隔符""删除"等操作。自定义快速访问工具栏如图 5-7 所示。若想将相关命令添加至快速访问工具栏,只需在该命令按钮上单击右键并选择"添加到快速访问工具栏"即可。快速访问工具栏可以显示在功能区的上方或下方,选择"自定义快速访问工具栏"下拉列表下方的"在功能区下方显示"即可。

图 5-7　自定义快速访问工具栏

## 5.1.3　功能区

　　"功能区",即 Revit 的主要命令区,显示功能选项卡里对应的所有功能按钮。Revit 将不同功能分类成组显示,单击某一选项卡,下方会显示相应的功能命令。功能区一般包含"主按钮""下拉按钮",功能区如图 5-8 所示。

## 5.1.4　上下文选项卡

　　使用某个命令时才会出现针对这个命令的选项卡,叫作"上下文选项卡",如图 5-9 所示。

　　如当单击"建筑"选项卡中的"门"命令时,就会出现与门有关的选项。

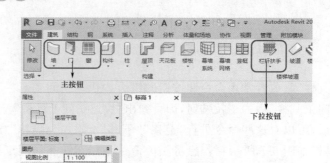

图 5-8　功能区

图 5-9　上下文选项卡

## 5.1.5　项目浏览器

项目浏览器是用于显示当前项目中所有视图、明细表/数量、图纸、族、组、Revit 链接等信息的结构树。单击"＋"可以展开分支,"－"可以折叠各分支,如单击"视图"可以展开楼层平面、三维视图、立面、剖面、详图视图、渲染等。项目浏览器如图 5-10 所示。选择某视图单击右键,可以对该视图进行"复制""删除""重命名""查找相关视图"等相关操作。

图 5-10　项目浏览器

## 5.1.6　属性对话框

属性对话框用于查看和修改 Revit 图元的相关参数，如图 5-11 所示。

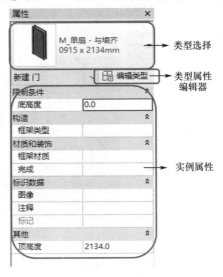

图 5-11　属性对话框

图元属性可以分为实例属性和类型属性，修改实例属性的值，将只影响选择集内的图元或者将要放置的图元，如图 5-12 所示；而修改类型属性的值，会影响该族类型当前和将来的所有图元，如图 5-13 所示。

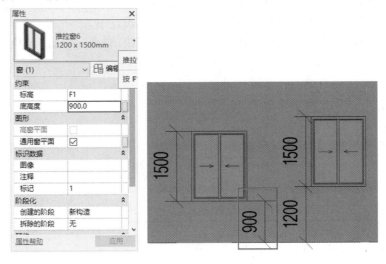

图 5-12　修改实例属性

## 5.1.7　视图控制栏

视图控制栏位于窗口底部，样式如图 5-14 所示。

121

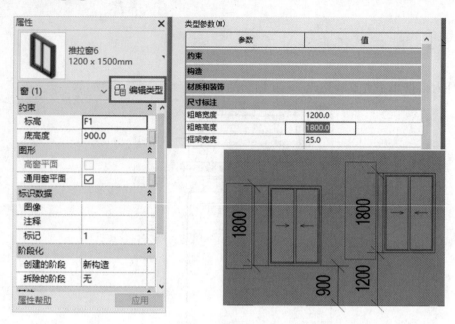

图 5-13　修改类型属性

图 5-14　视图控制栏

通过单击相应的按钮,可以快速访问影响绘图区域的功能。视图控制栏中按钮从左向右依次是:

图标 1:视图比例,用于在图纸中表示对象的比例。

图标 2:详细程度,提供"粗略""中等""精细"三种模式。

图标 3:视觉样式,可根据项目视图,选择线框、隐藏线、着色、一致的颜色、真实及光线追踪六种模式。

图标 4:打开/关闭日光路径并进行设置。

图标 5:打开/关闭模型中阴影的显示。

图标 6:控制是否应用视图裁剪。

图标 7:显示或隐藏裁剪区域范围框。

图标 8:临时隐藏/隔离,将视图中的个别图元暂时独立显示或隐藏。

图标 9:显示隐藏的图元。

图标 10:临时视图属性,启用临时视图属性、临时应用样板属性。

图标 11:显示/隐藏分析模型。

图标 12:显示/隐藏约束。

## 5.1.8　ViewCube

当处于三维显示状态时,ViewCube 默认显示在绘图区域的右上角,ViewCube 各个边、顶点、面、指南针分别代表三维视图中不同的视点方向。单击立方体的相关部位或指南针可以切换到视图的相关方位。鼠标左键按住 ViewCube 上的任意位置并拖动,可以旋转视图。

单击 ViewCube 左上方的主视图按钮,可以恢复主视图。ViewCube 如图 5-15 所示。

　　在"视图"选项卡,"窗口"面板、"用户界面"下拉列表中,可以设置 ViewCube 在三维视图中是否显示,如图 5-16 所示。

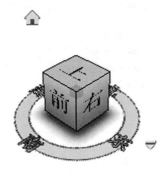

图 5-15　ViewCube　　　　　　　　　　图 5-16　设置 ViewCube 是否显示

　　在 ViewCube 上单击右键或单击右下角的"关联菜单",可以打开 View Cube 关联菜单,如图 5-17 所示,旋转至主视图、保存视图、将当前视图设定为主视图、将视图设定为当前视图、重置为前视图、显示指南针、定向到视图、确定方向、定向到一个平面等操作选项。单击"选项"按钮,可以打开 ViewCube 设置选项卡,如图 5-18 所示。可以设置显示位置、显示大小、显示指南针等。

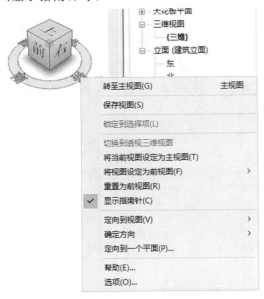

图 5-17　ViewCube 关联菜单　　　　　　图 5-18　ViewCube 设置选项卡

## 5.1.9　导航栏

　　导航栏默认是在 Revit 绘图区域的右侧,主要用于访问导航工具。在"视图"选项卡,"窗口"面板、"用户界面"下拉列表中,可以设置导航栏在三维视图中是否显示。标准导航栏样式如图 5-19 所示,单击该按钮的下拉列表,可以更换导航栏的不同控制方式,如图 5-20 所示。

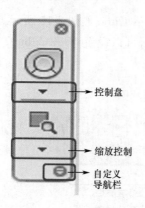

控制盘

缩放控制

自定义
导航栏

图 5-19　标准导航栏样式

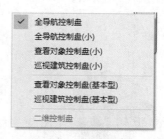

图 5-20　导航栏的不同控制方式

　　单击"导航栏"当中的"导航控制盘"按钮的自定义按钮，可以打开控制盘，如图 5-21 所示，可以进行缩放、动态观察、平移、回放、漫游等操作。导航栏中的视图缩放工具可以对视图进行"区域放大""缩小两倍""缩放匹配"" 缩放全部以匹配"等操作，如图 5-22 所示。

图 5-21　导航控制盘

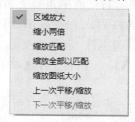

图 5-22　导航栏的缩放控制

　　自定义导航栏选项主要是对导航栏样式的设置，其中包括是否显示 SteeringWheels 等相关工具，如图 5-23 所示，导航栏位置的设置如图 5-24 所示，导航栏不透明度的设置如图 5-25 所示。

图 5-23　自定义导航栏

图 5-24　导航栏位置设置

图 5-25　导航栏不透明度设置

# 5.2　Revit 相关术语

## 5.2.1　项目及项目样板

### 1. 项目

　　Revit 中创建的模型、图纸、明细表等信息通常被存储在项目文件中，项目文件中不仅可以包含构件的长、宽、高等几何信息，也可以包含供应商、价格、性能等非几何信息。在 Revit

模型中,所有的图纸、二维视图和三维视图以及明细表都是同一个虚拟建筑模型的信息表现形式。对建筑模型进行操作时,Revit 将收集有关建筑项目的信息,并在项目的其他所有表现形式中协调该信息。Revit 参数化修改引擎可自动协调在任何位置(模型视图、图纸、明细表、剖面和平面)中进行的修改。一个项目中的所有信息之间都保持了关联关系,"一处修改,处处更新",项目通常是基于项目样板文件创建的。

**2. 项目样板**

在建立项目文件之前,一般需要有项目样板文件,在样板文件中会定义好相关参数,如尺寸标注样式、文字样式、线型线宽等线样式、门窗样式等,在不同的样板中包含的内容也会不同,一般创建建筑模型时选择建筑样板。单击"新建""项目",即可弹出"新建项目"对话框,可选择相应的样板文件,也可单击"浏览"按钮选择其他事先建好的样板文件,如图 5-26 所示。Revit 中提供了若干样板,用于不同的规程和建筑项目类型。也可以创建自定义样板以满足特定的需要或确保遵守办公标准,在新建项目时选择新建"样板文件"创建样板文件。

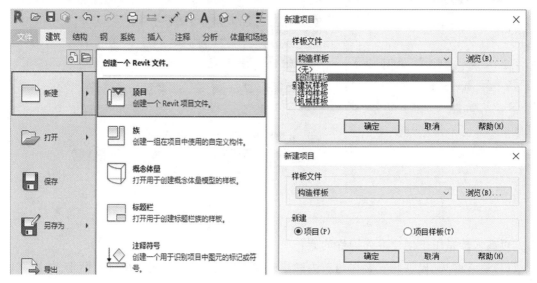

图 5-26　新建项目样板文件选择

此外,Revit 中常用的文件格式有 RTE、RVT、RFA、RFT 四种。样板文件的后缀为.rte,项目文件的后缀为.rvt,族文件的后缀为.rfa,族样本文件的后缀为.rft。

## 5.2.2　族和体量

**1. 族**

Revit 作为一款广受欢迎的参数化设计软件,其主要得益于 Revit 中的参数化构件"族"。族在 Revit 中是设计的基础与核心。族是一个包含通用属性(称作参数)集和相关图形表示的图元组。属于一个族的不同图元的部分或全部参数可能有不同的值,但是参数(其名称与含义)的集合是相同的。族中的这些变体称作族类型或类型。

Revit 中有三种类型的族,即:系统族、可载入族和内建族。

　　系统族是创建在建筑现场装配的基本图元。如：墙、屋顶、楼板、风管、管道等，能够影响项目环境且包含标高、轴网、图纸和视图类型的系统设置也是系统族。系统族是在 Revit 中预定义的，不能将其从外部文件载入项目中，也不能将其保存到项目之外的位置。如图5-27为基本墙系统族的属性信息。

图 5-27　基本墙系统族的属性信息

　　可载入族是用于创建下列构件的族：

　　(1)通常购买、提供并安装在建筑内和建筑周围的建筑构件，例如窗、门、橱柜、装修家具和植物；

　　(2)通常购买、提供并安装在建筑内和建筑周围的系统构件，例如锅炉、热水器、空气处理设备和卫浴装置；

　　(3)常规自定义的一些注释图元，例如符号和标题栏。

　　由于它们具有高度可自定义的特征，因此可载入的族是在 Revit 中经常创建和修改的族。与系统族不同，可载入的族是在外部 RFA 文件中创建的，并可导入或载入项目中。对于包含许多类型的可载入族，可以创建和使用类型目录，以便仅载入项目所需的类型。

　　内建族是在当前项目中新建的族，它与可载入族的不同之处在于内建族只能储存在当前的项目文件里，不能单独存成 RFA 文件，也不能在别的项目中应用。可以创建内建几何图形，以便它可参照其他项目几何图形，使其在所参照的几何图形发生变化时进行相应大小的调整和其他调整。创建内建图元时，Revit 将为该内建图元创建一个族，该族包含单个族类型。创建内建图元涉及许多与创建可载入族相同的族编辑器工具。

族可以有多个类型,类型用于表示同一族的不同参数值。如打开门族"单扇-与墙齐"包含 0762×2032 mm、0762×2134 mm、0813×2134 mm、0864×2032 mm、0864×2134 mm(宽×高)等 7 个不同类型,如图 5-28 所示。

图 5-28　门族"单扇-与墙齐"的不同类型

**2. 体量**

概念体量是指用于项目前期概念设计阶段为建筑师提供灵活、简单、快速的概念设计模型。帮助建筑师推敲建筑形态,图 5-29 为创建概念体量示意。

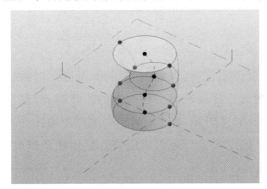 

图 5-29　创建概念体量示意

在 Revit 中经常用到的一类族为体量族,体量族是形状的族,属于体量类别,其中利用可载入概念体量族法创建的体量族属于可载入族;利用内建体量创建的体量族属于内建族。通过体量族创建的体量(体量实例),是用于观察、研究和解析建筑形式的过程。通过体量可以创建面墙、面楼板、面幕墙系统、体量楼层。

## 5.2.3　图元的分类及层级

图元是 Revit 软件中可以显示的模型元素的统称。Revit 在项目中使用三种类型的图元,即模型图元、视图图元和注释图元,如图 5-30 所示。

(1)模型图元表示建筑的实际三维几何图形,它们显示在模型的相关视图中,模型图元有两种类型,即主体图元和构件图元,主体图元通常在构造场地构建,如墙和天花板、结构墙和屋顶,构件图元是建筑模型中其他所有类型的图元。

(2)视图图元只显示在放置这些图元的视图中,它们可帮助对模型进行描述或归档。

(3)注释图元包括基准图元和注释图元。基准图元可帮助定义项目上下文。例如,轴

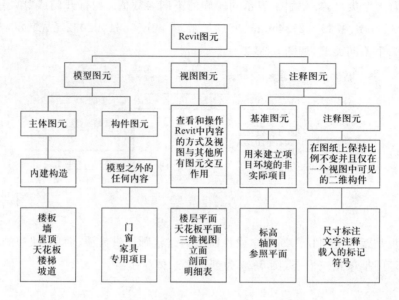

图 5-30  Revit 图元

网、标高和参照平面都是基准图元。注释图元是对模型进行归档并在图纸上保持比例的二维构件,如尺寸标注、标记和注释记号都是注释图元。详图也是一种特定的注释图元,是在特定视图中提供有关建筑模型详细信息的二维图,如详图线、填充区域和二维详图构件。

这些内容为设计者提供了设计灵活性,Revit 的图元设计可以由用户直接创建和修改,无须进行编程,在 Revit 中,绘图时可以定义新的参数化图元。

## 5.2.4  可见性和视图范围

**1. 可见性**

绝大多数可见性和图形显示的替换是在"可见性/图形"对话框中进行的。从"视图"选项卡、"可见性/图形"对话框中,可以查看自己应用于某个类别的替换。如果替换了某个类别的图形显示,单元格会显示图形预览。如果没有任何类别的替换,单元格会显示空白,图元则按照"对象样式"对话框中的指定显示。

链接和导入的 CAD 文件的可见性可在"导入的类别"选项卡中设置,控制链接 Revit 模型可见性与图形的参数在"Revit 链接"选项卡中设置,如图 5-31 所示。

**2. 视图范围**

视图范围是控制对象在视图中的可见性和外观水平的平面集。每个平面图都具有视图范围属性,该属性也称为可见范围。定义视图范围的水平平面为"俯视图""剖切面"和"仰视图"。顶剪裁平面和底剪裁平面表示视图范围的最顶部和最底部的部分。剖切面是一个平面,用于确定特定图元在视图中显示为剖面时的高度。这三个平面可以定义视图范围的主要范围。视图深度是主要范围之外的附加平面。更改视图深度,以显示底裁剪平面下的

图 5-31  可见性设置

图元。默认情况下,视图深度与底剪裁平面重合。如图 5-32 所示为立面显示平面视图的范围,①为顶部、②为剖切面、③为底部、④为偏移(从底部)、⑤为主要范围、⑥为视图深度。视图范围的设置单击"属性对话框"中"视图范围"后的"编辑"按钮,如图 5-33 所示。

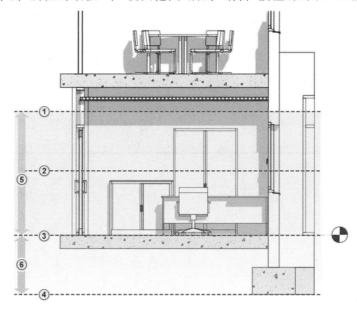

图 5-32  立面显示平面视图的范围

图 5-33　视图范围设置

**本章小结**

　　本章主要介绍了 Revit 2019 的界面,包括:选项对话框、快速访问工具栏、功能区、上下文选项卡、项目浏览器、属性对话框、视图控制栏、ViewCube 和导航栏;Revit 的相关术语,包括:项目及项目样板、族和体量、图元的分类及层级、可见性和视图范围。

**思考与练习题**

　　5-1　简要介绍 Revit 2019 的界面组成。

　　5-2　简述项目及项目样板的定义。并说出两者有何不同。

　　5-3　族和体量定义是什么? 并说出两者有何不同。

# 第6章

# 项目设置

 本章要点和学习目标

**本章要点：**

（1）项目地点设置、方向设置和项目基准设置。

（2）项目前期基本设置，包括项目信息、项目单位和捕捉设置等。

（3）项目期间设置，包括材质设置、对象样式和项目参数设置等。

（4）项目交互设置，包括传递项目标准和清除未使用项等。

**学习目标：**

（1）了解项目地点设置、方向设置和项目基准设置。

（2）了解项目信息、项目单位和捕捉设置等前期基本设置。

（3）了解项目材质设置、对象样式和项目参数设置等期间设置。

（4）了解传递项目标准和清除未使用项等项目交互设置。

## 6.1　项目位置与方向

### 6.1.1　项目地点设置

项目地点，用于指定项目的地理位置，可以使用"Internet 映射服务"，通过搜索项目位置的街道地址或者项目的经纬度来直观显示项目位置。在日光研究、漫游和渲染图像生成阴影时，该适用于整个项目范围的设置将非常有用。该位置也是提供气象信息的基础，在能量分析期间将会使用这些气象信息。对于建筑项目工程师,气象信息还直接影响项目空间暖通空调的加热和制冷需求。如图 6-1 所示,选择"管理"选项卡内"项目位置"面板中的"地点",打开"位置、气候和场地"对话框。

通过"位置"选项卡下"定义位置依据"不同的选择,可通过不同方式确定项目位置。

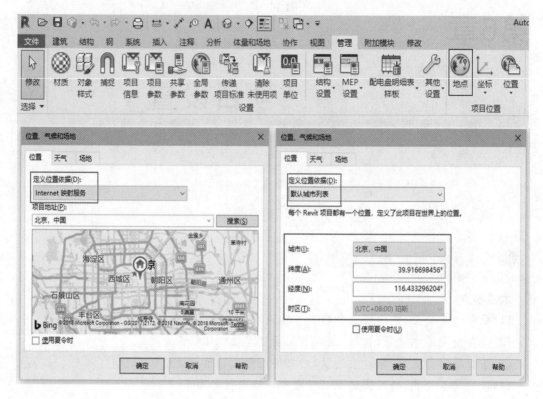

图 6-1　打开地点中的位置、气候和场地对话框

(1)如果当前 PC 已经连接到互联网,可在"定义位置依据"下拉列表中选择"Internet 映射服务"选项,通过地图服务显示互动的地图。在"项目地址"处可键入地点名称或是地点准确的经纬度坐标进行搜索定位。如需精确定位到当前城市的具体位置,可以将光标移动到该图标上,按下鼠标左键进行拖曳,直至拖曳到合适的位置。

(2)如果当前 PC 无法连接到互联网,可以通过软件自身的城市列表来进行选择。在"定义位置依据"下拉列表中选择"默认城市列表"选项,然后在"城市"列表中选所在的城市。同样,也可以直接输入城市的经纬度值来指定项目的位置。

如图 6-2 所示,在"位置、天气和场地"对话框中,切换至"天气"选项卡,可以看到最近一个气象站所提供的相应气象信息,验证了项目位置对应的制冷设计温度、加热设计温度和晴朗数,设计人员可按需进行调整,此时需要取消勾选"使用最近的气象站",然后根据需要替换默认值。切换至"场地"选项卡,左下方显示从项目北到正北方向的角度。

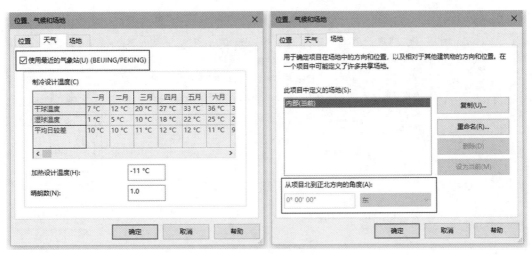

图 6-2　位置、气候和场地对话框——天气和场地选项卡

## 6.1.2　项目方向设置

在 Revit 中有两种项目方向,一种为"正北",另一种是"项目北",所有模型都有以上两种北方向,正北是绝对的正南北方向,"项目北"通常基于建筑几何图形的主轴,通常将项目北与绘图区域顶部对齐。如图 6-3 所示,以项目北和正北开始的所有模型都会与绘图区域的顶部对齐,根据项目实际情况调整后,模型已经旋转到正北方向,通过场地平面视图中的测量点和项目基点相对位置进行区分。通常情况下,"场地"平面视图采用的是"正北"方向,而其余楼层则采用的是"项目北"方向。

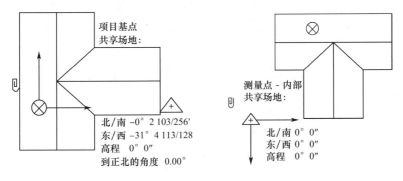

图 6-3　项目北与正北的区别

当建筑的方向不是正的南北方向时,通常在图纸上不易表现为成角度的、反映真实南北的图形,此时可以通过将项目方向调整为"项目北",而达到使建筑模型具有正南北布局效果的图形表现。按照如图 6-4 所示,选择"管理"选项卡内"项目设置"面板中的"位置",单击下拉菜单可对相关功能进行选择。

旋转正北,可以相对于"正北"方向修改项目的角度。如图 6-5 所示在进行旋转正北操作前,在"项目浏览器"中单击"场地"平面视图,在"属性"面板中将"方向"设置为"正北",然后选择"管理"选项卡内"项目位置"面板中的"位置",单击下拉菜单选择"旋转正北"命令,在

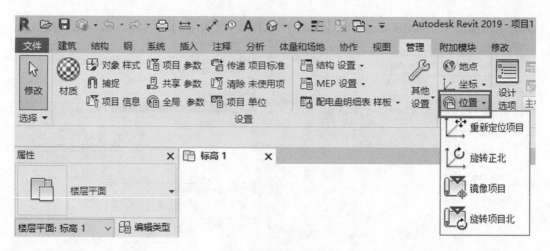

图 6-4　位置的下拉菜单

选项栏"从项目到正北方向的角度"中输入所需角度,选择所选方向,然后按 Enter 键确认。确定角度的操作还可以通过图形方式将模型转到"正北",具体为选择显示在模型中心的旋转控件,并将其拖曳到参考位置,沿该参考位置单击以表示"正北"方向,向应用程序窗口顶部的方向再次单击完成操作。

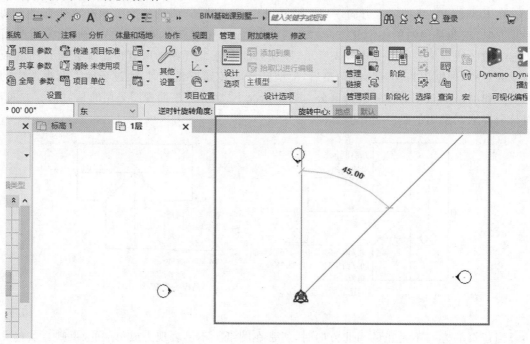

图 6-5　旋转正北操作

旋转项目北,可以在平面视图中相对于项目北(绘图区域顶部)修改图元的关系。模型图元和详图图元在绘图区域按特定角度旋转(可以选择文字注释是否也旋转)。"旋转项目北"会影响"方向"属性被定义为"项目北"的平面视图,绘图视图、平面视图、详图索引或其他类型视图则不受影响。如图 6-6 所示,在进行"旋转项目北"操作前,确认在"属性"面板中将"方向"设置为"项目北",然后选择"管理"选项卡内"项目位置"面板中的"位置",单击下拉菜单选择"旋转项目北"命令,打开"旋转项目"对话框。

对于"旋转项目"对话框中的"旋转期间保留文字注释的方向",若文字注释应保持定向到视图,选择该选项;若文本注释随模型旋转,则清除该选项。如果想要以除 90°或 180°外的其他角度旋转项目,需选择"对齐选定的直线或平面",在视图中,选择要用于旋转的参照平面(需提前绘制)或现有直线。是否按需求完成了"旋转项目北"操作,可通过"管理"选项卡内"项目位置"面板中的"地点",打开"位置、气候和场地"对话框,查看"场地"选项卡左下方的"从项目北到正北方向的角度",通过旋转前后角度值进行判断。

此外,下面将对"管理"选项卡内"项目位置"面板中的"位置"下拉菜单中的"重新定位项目"和"镜像项目"命令做简单介绍。

"重新定位项目"是指相对于测量坐标系移动模型,使用方法与移动工具类似,在视图中以图形方式移动项目,在模型中,坐标会更新以反映项目基点和测量点之间邻近关系的更改。

图 6-6  旋转项目北操作

"镜像项目"是指围绕选定轴,通过反射模型图元和注释的位置,对模型进行重定位。在创建项目镜像时,会对其中所有的模型图元、视图和注释创建镜像,必要时注释的方向将保留不变。

# 6.2  项目基准设置

每个项目都有项目基点和测量点,但是由于可见性设置和视图裁剪,他们不一定在所有的视图中都可见。这两个点是无法删除的,在"场地"视图中默认显示"测量点"和"项目基点",如果项目基点和测量点位于相同的位置,则显示为两者重叠的图标。

在默认情况下,项目基点和测量点仅显示在场地平面视图中,可以根据需要在其他视图中设为可见。如图 6-7 所示,在需要设置可见的视图内,单击"视图"选项卡内"图形"面板中"可见性/图形",弹出"可见性/图形替换"对话框(快捷键 VV),在"可见性/图形替换"对话框的"模型类别"选项卡中找到"场地"并将其展开,在此处可对"项目基点"和"测量点"的可见性进行设置。

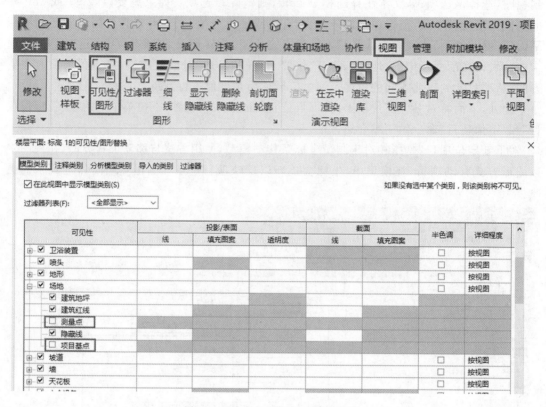

图 6-7　项目基点和测量点可见性设置

## 6.2.1　项目基点

项目基点定义了项目坐标系的原点$(0,0,0)$,此外,项目基点还可以用于在场地中确定建筑的位置以及定位建筑的设计单元。参照项目坐标系的高程点坐标和高程点,将相对于此点显示相应的数据。

如图 6-8 所示,在"场地"视图中单击"项目基点",在"标识数据"下的"北/南"和"东/西"中输入所需数值。可完成"项目基点"的移动;为了防止因为误操作而移动了项目基点,可以在选中该点后,切换到"修改|项目基点"的选项卡,然后单击"修改"面板中的"锁定"按钮固定项目基点。

## 6.2.2　测量点

测量点代表现实世界中的已知点(如大地测量标记或 2 条建筑红线的交点),可用于在其他坐标系(如在土木工程应用程序中使用的坐标系)中确定建筑几何图形的方向。

如图 6-9 所示,在"场地"视图中单击"测量点",在"标识数据"下的"北/南"和"东/西"

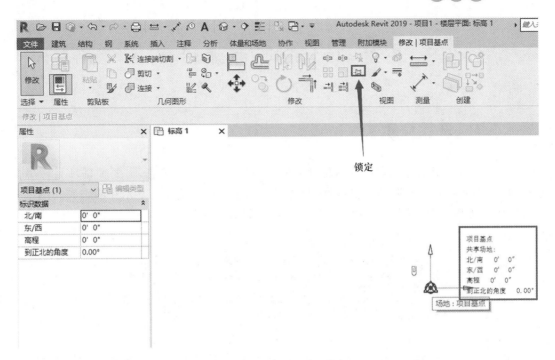

锁定

图 6-8　项目基点移动和锁定

中输入所需数值,可完成"测量点"的移动。为了防止因为误操作而移动了测量点,可以在选中该点后,切换到"修改|测量点"的选项卡,然后单击"修改"面板中的"锁定"按钮固定测量点。

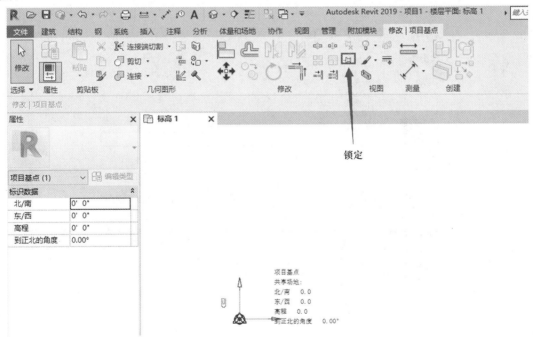

锁定

图 6-9　测量点移动和锁定

# 6.3 项目前期基本设置

## 6.3.1 项目信息

项目信息,用于指定一个项目的能量数据、项目状态和客户信息,需要根据项目环境来进行设置,不同项目有不同的项目信息,此处设置的某些项目信息可显示在明细表和图纸的标题栏中。如图6-10所示,选择"管理"选项卡内"设置"面板中的"项目 信息"打开"项目信息"对话框。

图6-10 项目信息选项

如图6-11所示,在项目信息对话框中,可以看到项目信息是一个系统族,同时包含了"标识数据"选项卡、"能量分析"选项卡和"其他"选项卡。常用的为"标识数据"选项卡和"其他"选项卡,在这两个选项卡中可对组织名称、组织描述、建筑名称、作者、项目发布日期、项目状态、客户姓名、项目地址、项目名称等相关内容进行设置。

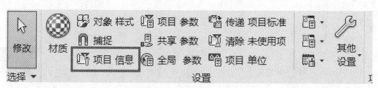

图6-11 项目信息对话框

在"项目信息"对话框中,单击"能量分析"选项卡下的"编辑"按钮,打开"能量设置"对话框。在"能量设置"对话框中,单击"高级"选项卡下的"编辑"按钮,打开"高级能量设置"对话框，如图 6-12 所示。

　　在"能量设置"对话框的"能量分析模型"选项卡下，可以对模式、地平面、工程阶段、分析空间分辨率、分析表面分辨率、周边区域深度及周边区域划分等内容进行设置，各功能的概念可查看软件 Revit 2019 的帮助文件，这里不做过多的介绍。

　　在"高级能量设置"对话框中包含"详图模型"选项卡、"建筑数据"选项卡、"房间/空间数据"选项卡及"材质热属性"选项卡，可以对目标玻璃百分比、目标天窗百分比、建筑类型、建筑运行时间表、HVAC 系统、新风信息、导出类别、概念类型示意图类型及详图图元等内容进行设置，其中新风信息和概念类型还可以通过"编辑"按钮进行更详细的设置，各功能的概念可查看软件 Revit 2019 的帮助文件，这里不做过多的介绍。

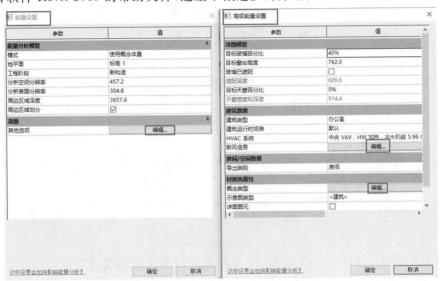

图 6-12　能量设置和高级能量设置对话框

## 6.3.2　项目单位

　　项目单位，用于指定度量单位的显示格式，通过选择一个规程和单位，指定用于显示项目中单位的精确度(舍入)和符号。选择"管理"选项卡内"设置"面板中的"项目 单位"，打开"项目单位"对话框。

　　如图 6-13 所示，在"项目单位"对话框中，可以设置相应规程下每一个单位所对应的格式。单击单位对应的格式按钮(如"长度"后面的"1235[mm]")，可弹出"格式"对话框，在这里可对单位舍入、单位符号及可选项进行设置，其中勾选了可选项中的"使用数位分组"时，"项目单位"对话框中指定的"小数点/数位分组"选项将应用于单位值。

## 6.3.3　捕捉设置

　　捕捉，此功能用于指定捕捉增量，以及启用或禁用捕捉点，可在放置图元或绘制线时，使用对象捕捉与现有几何图元对齐，通过启用或禁用捕捉、定义捕捉增量及使用键盘快捷键和

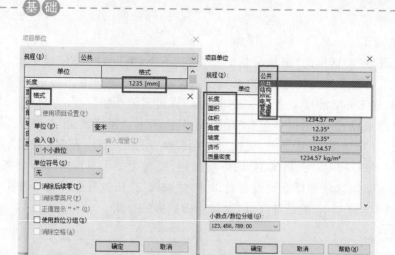

图 6-13　项目单位及格式对话框

跳转捕捉等功能来提高工作效率。该功能的相关设置在操作期间会一直保留,应用于操作中所有打开的文件,但是不与项目一起保存。如图 6-14 所示。选择"管理"选项卡内"设置"面板中的"捕捉",打开"捕捉"对话框。

图 6-14　捕捉选项

如图 6-15 所示,"捕捉"对话框列出了为对象捕捉所定义的键盘快捷键。如果使用"键盘快捷键"对话框更改默认快捷键,"捕捉"对话框会显示新的快捷键,单击"恢复默认"可随时将捕捉设置重设为系统默认设置,捕捉对话框内容说明详见表 6-1。

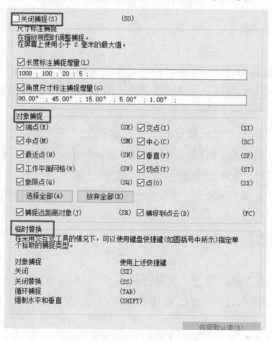

图 6-15　捕捉对话框

表 6-1                          捕捉对话框内容说明

| 功能名称 | 键盘默认快捷键 | 说明 |
| --- | --- | --- |
| 关闭捕捉 | SO | 禁用所有的捕捉设置。清除复选框以启用捕捉 |
| 尺寸标注捕捉 | 无 | 选用复选框来启用捕捉增量，或清除复选框以将其禁用 |
| 长度标注捕捉增量 | 无 | 用于在由远到近放大视图时，对基于长度的尺寸标注指定捕捉增量。用分号分隔增量值 |
| 角度尺寸标注捕捉增量 | 无 | 用于在由远到近放大视图时，对角度标注指定捕捉增量。用分号分隔增量值 |
| 对象捕捉 | 无 | 选中复选框以启用指定对象捕捉，或清除复选框以将其禁用 |
| 端点 | SE | 捕捉图元的端点 |
| 中点 | SM | 捕捉图元的中点 当放置诸如窗、门或洞口等墙附属件时，可以使用中点替换 |
| 最近点 | SN | 捕捉最近的图元。如果禁用"最近点"对象捕捉，软件可以跳转捕捉到端点、中点和中心。跳转捕捉是屏幕上距光标 2 mm 之外的捕捉点 |
| 工作平面网络 | SW | 捕捉工作平面网络 |
| 象限点 | SQ | 捕捉象限点。对于弧，启用跳转捕捉 |
| 交点 | SI | 捕捉交点 |
| 中心 | SC | 捕捉弧的中心 |
| 垂直 | SP | 捕捉垂直的图元 |
| 切点 | ST | 捕捉弧的切点 |
| 点 | SX | 使用"移动或复制"工具编辑点时，捕捉场地点 |
| 捕捉远距离对象 | SR | 与跳转捕捉类似，该选项会捕捉不在图元附近的对象 |
| 捕捉到点云 | PC | 捕捉点云中的点或表面 |
| 临时替换 | 无 | 在放置图元或绘制线时，可以右键进行临时替换捕捉设置，临时替换只影响单个拾取 |
| 关闭 | SZ | 捕捉到附近的有效开放环 |
| 关闭替换 | SS | 关闭捕捉替换 |
| 循环捕捉 | Tab 键 | 循环可用的捕捉选项。若要反转循环切换捕捉时的方向，按 Shift＋Tab 组合键 |
| 强制水平和垂直 | Shift 键 | 强制水平和垂直的条件 |

# 6.4 项目期间设置

## 6.4.1 材质设置

材质,用于指定的建筑模型中应用到图元的材质和关联特征,控制模型图元在视觉和渲染图像中显示的显示方式。如图 6-16 所示,单击"管理"选项卡中"设置"面板中的"材质",打开"材质浏览器"对话框。材质浏览器中可以定义材质资源集,包括外观、物理、图形和热特性,也可以将材质应用于项目的外观渲染或热能量分析。

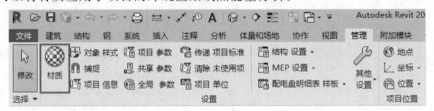

图 6-16 材质选项

如图 6-17 所示,单击"材质浏览器"中的显示/隐藏库面板按钮,打开 Autodesk 材质库可通过搜索栏搜索所需要的材质,并将相应的材质添加到文档中,操作过程如图 6-18 所示。

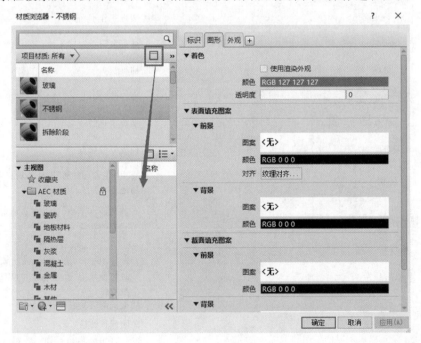

图 6-17 材质浏览器

根据上述步骤可完成材质库中已有材质的选择,若材质库内无对应的材质,则需要建新的材质,方法是复制现有的类似材质,然后根据需要编辑名称和其他属性。如果没有可用的类似材质,可以从头开始创建新的材质。下面介绍创建新材质的两种方法。

图 6-18　材质添加到文档中

（1）通过复制创建新材质

当材质库中有类似材质时，可通过复制的方式创建新材质。按前述方法将类似材质添加到项目材质列表中并选中，通过材质浏览器底部下拉菜单中的"复制选定的材质"创建新材质（此步骤也可通过右击快捷菜单中的"复制"命令完成），创建的新材质以"原材质名称＋数字"进行命名，可通过材质浏览器右侧的材质编辑器，按需完成新材质的名称、信息、资源和属性的修改，如图 6-19 所示。

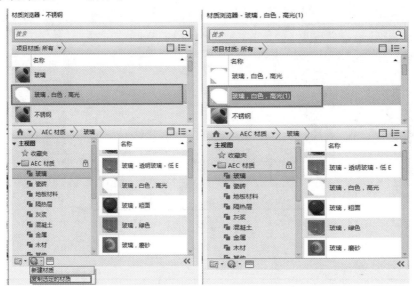

图 6-19　通过复制创建新材质

以上方式创建材质时，在材质浏览器右侧的材质编辑器中的"外观"中，均需要通过"复制此资源"按钮将资源进行复制后，再进行相关参数的修改；若不进行复制，对此资源进行修改时，将会影响原材质的相关参数。

（2）通过新建创建新材质

当材质库中没有类似材质时，则需要通过新建的方式创建新材质，通过材质浏览器底部下拉菜单中的"新建材质"创建新材质，创建的新材质以"默认为新材质"进行命名，可通过材

143

质浏览器右侧的材质编辑器,根据需要完成新材质的名称、信息、资源和属性的修改,如图6-20所示。

图 6-20　通过新建创建新材质

材质库是材质和相关资源的集合,Autodesk 提供了部分库,用户也可以根据实际需求创建新库,以用来管理最常用或用于特定项目的一组材质。如图 6-21 所示,可通过在材质浏览器底部下拉菜单中的"创建新库"来创建新库,在弹出窗口中指定文件名和位置,保存后即创建了新的材质库,在材质浏览器中,通过从其他库或从项目材质列表中单击并拖曳,将材质添加到新库中,通过载入材质库文件的方式实现,不同项目或与其他人共享材质库。

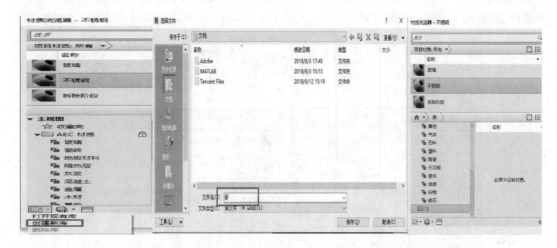

图 6-21　创建新材质库

## 6.4.2　对象样式

对象样式,为项目中不同类别和子类别的模型图元、注释图元和导入对象指定线宽、线颜色、线型图案和材质。对象样式的设置是项目级别的,若针对某个视图的设置,可通过视图中"可见性图形替换"功能实现。如图 6-22 所示,选择"管理"选项卡中"设置"面板中的"对象 样式",打开"对象样式"对话框。

如图 6-23 所示,在对象样式对话框中单击上端不同按钮,可在模型对象、注释对象、分析模型对象和导入对象之间切换。模型对象中由不同的类别和子类别组成,为便于查找可通过过滤器列表,按不同的专业进行筛选,可通过修改子类别对子类别进行新建、删除和重

图 6-22  "对象 样式"选项

命名等操作,也可对线宽、线颜色、线性图案和材质按需进行设置。注释对象、分析模型对象和导入对象的功能与模型对象类似,其中注释对象因自身图元特点,不含材质修改内容。

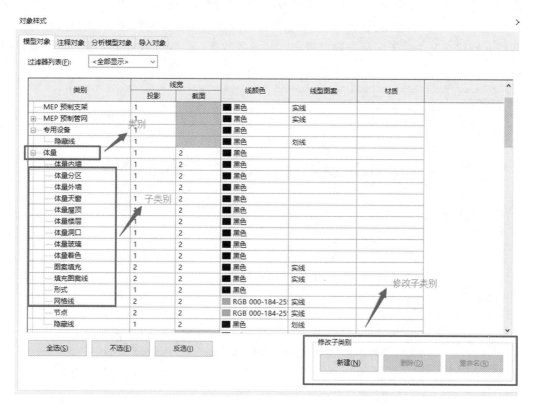

图 6-23  对象样式对话框

## 6.4.3  项目参数设置

参数,用于定义和修改图元,以及在标记和明细表中传达模型信息,存储和传达有关模型中所有图元的信息,为项目或者项目中的任何图元或构件类别创建自定义参数。如图 6-24 所示,常用的参数类型有"项目 参数""共享 参数""全局 参数"以及在族中用到的族参数。选择"管理"选项卡中"设置"面板里的"项目 参数",打开"项目参数"对话框。

在"项目参数"对话框中单击"添加"可新建项目参数、单击"修改"可对原有项目参数进行修改。两种方式单击后都可打开"参数属性"对话框。

如图 6-25 所示,在"项目参数"对话框中单击"添加"打开"参数属性"对话框时,可在"参

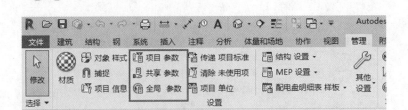

图 6-24　参数类型

数属性"对话框左侧完成所需参数的设置,并通过选择右侧所需图元类别完成对应图元的参数定义和修改。在左侧"参数类型"中可以通过"项目参数"和"共享参数"两种方式完成参数的设置。选择"项目参数"时,需要在"参数数据"下通过名称、规程、参数类型、参数分组方式及类型/实例完成参数设置;选择"共享参数"时,需要通过单击"选择"按钮,通过选择已有共享参数或新建共享参数来完成参数设置,此时"参数数据"下,仅参数分组方式、类型/实例可进行设置。

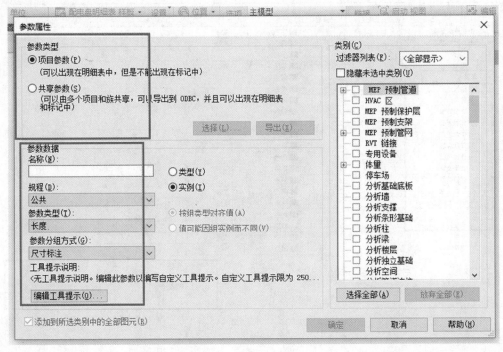

图 6-25　参数属性对话框(一)

如图 6-26 所示,参照"项目参数"对话框的打开方法,可打开"共享参数"和"全局参数"对话框。共享参数按创建-参数新建-组新建的顺序完成参数的设置,全局参数通过左下角的"新建全局参数"按钮打开"全局参数属性"对话框,通过相应选择完成参数设置,特别注意的是此处可勾选"报告参数"以生成报告参数,报告参数是一种参数类型,其值由族模型中的特定尺寸标注来确定,报告参数可从几何图形条件中提取值,然后使用它向公式报告数据或用作明细表参数。

参数常用的几种类型定义和特点见表 6-2。

图 6-26　参数属性对话框(二)

表 6-2　　　　　　　　　　　　　　　参数常用的几种类型定义和特点

| 参数类型 | 定义和特点 |
| --- | --- |
| 项目参数 | 参数特定于某个项目文件。通过将参数指定给多个类别的图元、图纸或视图,系统会将他们添加到图元。项目参数中存储的信息不能与其他项目共享。项目参数用于在项目中创建明细表、排序和过滤 |
| 共享参数 | 参数是参数定义,可用于多个族或项目中。将共享参数定义添加到族或项目中,可将其用作族参数或项目参数。因为共享参数的定义存储在不同的文件中(不是在项目或族中),因此受到保护不可更改。因此,可以标记共享参数,并可将其添加到明细表中 |
| 全局参数 | 参数特定于单个项目文件,但未指定类别。全局参数可以是简单值、来自表达式的值或使用其他全局参数从模型获取的值。使用全局参数来驱动尺寸标注或约束的值,或是报告尺寸标注的值,从而使该值可在其他全局参数的表达式中使用 |
| 族参数 | 数控制族的变量值,例如,尺寸或材质。它们特定于族。通过将主体族中的参数关联到嵌套族中的参数,族参数也可用于控制嵌套族中的参数 |

# 6.5　项目交互设置

## 6.5.1　传递项目标准

传递项目标准,用于将选定的项目设置从一个打开的项目复制到当前项目。项目标准包括以下各项:

①族类型(包括系统族,而不是载入的族)。

②全局参数(传输的与目标项目中全局参数名称相同的全局参数将添加一个数字,避免重复)。

③线宽、材质、视图样板和对象样式。

④机械设置、管道和电气设置。

⑤标注样式、颜色填充方案和填充样式。

⑥打印设置。

可以指定要复制的标准,传递中将包括复制的对象所引用的任何对象。例如,如果选择一种墙类型,但忘记复制其材质时,Revit 会复制它。如图 6-27 所示,在"管理"选项卡内"设置"面板中可找到"传递 项目标准",单击会弹出提示对话框,不能进行后续操作,这是因为没有打开对应的项目。

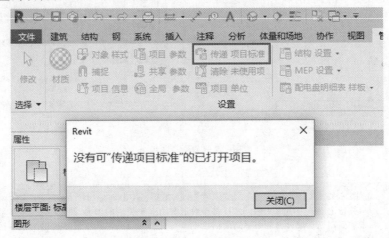

图 6-27　打开传递项目标准及提示对话框

此功能的正确操作步骤如下:

(1)打开源项目和目标项目。

(2)在目标项目中,单击"管理"选项卡中的"设置"面板的按键(传递 项目标准)。

(3)在"选择要复制的项目"对话框中,选择要从中复制的源项目。

(4)选择所需的项目标准。如果要选择所有项目标准,单击"选择全部"。

(5)单击"确定"按钮。

(6)如果提示"重复类型"对话框,可选择以下选项之一:

①覆盖:传递所有新项目标准,并覆盖复制类型。

②仅传递新类型:传递所有新项目标准并忽略复制类型。

③取消:取消操作。

当使用"传递项目标准"工具时,需考虑以下事项:

(1)当系统族依赖于其他系统族时,所有相关的族都必须同时传递,以便使其关系保持不变。例如文本关系和标注样式使用箭头,则文本类型、标注样式和箭头必须同时传递。

(2)视图样板和过滤器必须同时传递才能保持其关系。

(3)假设希望将视图样板和过滤器从源项目传递到目标项目,如果目标项目包含具有相同名称的视图样板和过滤器,请将其删除,然后再从源项目传递这些项目,此预防措施可以避免出现潜在问题。

(4)以下项目不在项目之间传递:

①立面视图类型。

②剖面视图类型。

③Revit 链接的可见性设置。

[注]若需要在目标项目中复制这些类型,可根据需要手动设置属性。

## 6.5.2　消除未使用项

清除未使用项,用于从项目中移除未使用的视图、族和其他对象,以提高性能,并减小项目文件大小。在清除未使用的对象之前,建议创建备份项目文件。如图 6-28 所示,选择"管理"选项卡内"设置"面板中的"清除 未使用项",打开"清除未使用项"对话框。

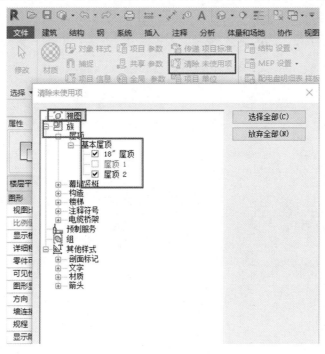

图 6-28　打开清除未使用项及其对话框

"清除未使用项"对话框将列出可以从当前项目中删除的视图、族和其他对象,默认情况下,将选中所有未使用对象进行清除,选中或取消选中复选框可指示要从项目中清除的对象,该工具不允许清除使用的对象,或具有从属关系的对象,要从当前项目中清除所有选中的对象,单击"确定"按钮,对话框下方会有选中项目数的统计。

[注]如果项目启用了工作集,则所有工作集必须打开才能使用此工具。

### 本章小结

通过本章的学习,可以了解项目地点设置、方向设置和项目基准设置;项目信息、项目单位和捕捉设置等前期基本设置;项目材质设置、对象样式和项目参数设置等期间设置;传递项目标准和清除未使用项等项目交互设置。

**思考与练习题**

6-1　说一说如何进行项目地点设置、方向设置和项目基准设置。

6-2　说一说如何进行项目信息、项目单位和捕捉设置等前期基本设置。

6-3　说一说如何进行项目材质设置、对象样式和项目参数设置等期间设置。

6-4　说一说如何进行传递项目标准和清除未使用项等项目交互设置。

# 第7章

# Revit Architecture设计流程

 **本章要点和学习目标**

**本章要点：**

在 Revit Architecture 中，基本设计流程是选择项目样板，创建空白项目，确定项目标高和轴网，创建墙体、门窗、楼板及屋顶，为项目创建场地、地坪及其他构件；完成模型后，再根据模型生成指定视图，对视图进行细节调整，为视图添加尺寸标注和其他注释信息，将视图布置于图纸中并打印；对模型进行渲染，与其他分析、设计软件进行交互。本章以一个三层的房屋建筑为例。

**学习目标：**

熟悉 Revit Architecture 的设计流程，包括：绘制标高和轴网、创建基本模型、生成剖面图和详图、标注和统计、布图、打印输出和与其他软件交互。

## 7.1 绘制标高和轴网

### 7.1.1 绘制标高

与大多数二维 CAD 软件不同，用 Revit Architecture 绘制模型首先需要确定的是建筑高度方向的信息，即标高。在模型的绘制过程中，很多构件都与标高紧密联系。本建筑有 3 层，主体层高 3.6 m，室内外高差 1.0 m，具体如图 7-1 所示。

如图 7-2 所示，使用"常用"选项卡"基准"面板中的"标高"工具可以创建标高。必须在

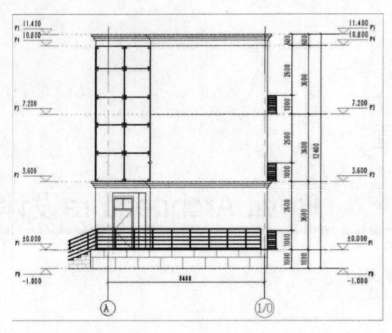

图 7-1　绘制标高示意

立面或剖面视图才能绘制和查看标高。通过切换至南、北、东、西等立面视图可以浏览项目中标高的设置情况。

图 7-2　标高工具

### 7.1.2　绘制轴网

绘制轴网的过程与基于CAD绘图的二维方式无太大区别，但必须注意 Revit Architecture 中的轴网是具有三维属性信息的，它与标高共同构成了建筑模型的三维网格定位体系，如图 7-3 所示。

# 7.2　创建基本模型

### 7.2.1　创建墙体和幕墙

Revit Architecture 提供了墙工具，用于绘制和生成墙体对象。在 Revit Architecture

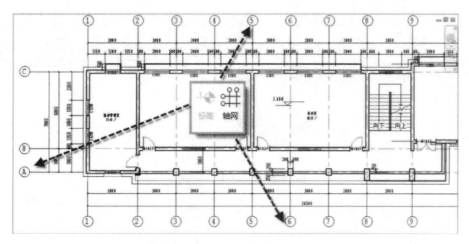

图 7-3　绘制轴网示意

中创建墙体时,需要先定义好墙体的类型——在墙族的类型属性中,定义包括墙厚、做法、材质、功能等,再指定墙体的到达标高等高度参数,在平面视图中指定的位置绘制生成三维墙体。

　　幕墙属于 Revit Architecture 提供的 3 种墙族之一,幕墙的绘制方法、流程与基本墙类似,但幕墙的参数设置与基本墙有较大区别。

## 7.2.2　创建柱子

　　Revit Architecture 中提供了建筑柱和结构柱两种不同的柱构件。建筑柱和结构柱的使用方法基本一致,但其功能有本质的区别。对于大多数结构体系,采用结构柱这个构件。可以根据需要在完成标高和轴网定位信息后创建结构柱,也可以在绘制墙体后再添加结构柱。

## 7.2.3　创建门窗

　　Revit Architecture 提供了门、窗工具,用于在项目中添加门、窗图元。门、窗图元必须依附于墙、屋顶等主体图元上才能被建立,同时门、窗这些构件都可以通过创建自定义门窗族的方式进行自定义。门、窗、柱子等图元如图 7-4 所示。

## 7.2.4　创建楼板、屋顶

　　Revit Architecture 提供了 3 种创建楼板的方式:楼板、结构楼板和面楼板,其中“楼板”命令使用频率最高,其参数设置类似于墙体。

　　Revit Architecture 提供了迹线屋顶、拉伸屋顶和面屋顶 3 种创建屋顶的方式,其中迹线屋顶使用频率最高,其创建方式与楼板类似,可以绘制平屋顶、坡屋顶等常见的屋顶类型。楼板和屋顶的用法有很多相似之处。

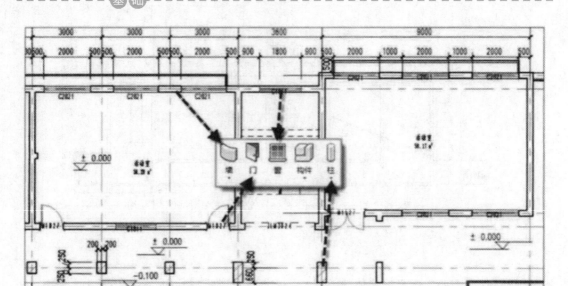

图 7-4　门、窗、柱子等图元位置示意

## 7.2.5　创建楼梯

使用楼梯工具,可以在项目中添加各种样式的楼梯。在 Revit Architecture 中,楼梯由楼梯和扶手两部分构成,使用楼梯前,应首先定义好楼梯类型属性中的各种参数。楼梯穿过楼板时的洞口不会自动开设,需要编辑楼板或者用"洞口"命令进行开洞,如图 7-5 所示。

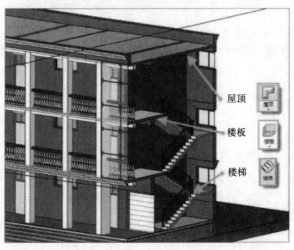

图 7-5　创建楼梯示意

## 7.2.6　创建其他构件

除了前述的主要构件外,还有如栏杆、坡道、散水、台阶等其他构件,其中栏杆、坡道这些构件在 Revit Architecture 中有相对应的命令;而散水、台阶等则没有,这些构件,它们的绘制方法要么需要单独创建族,要么需要用到一些变通的方式,具体绘制方法多种多样。

可以把所有的模型通过三维的方式创建出来,这样会使模型更加接近实际建筑,但同时相应的工作量也会增加,且某些信息在特定的情况和设计阶段是不必要的,比如大部分建筑施工图。我们无须为一个普通门绘制铰链,也无须在方案阶段把墙体的构造层处理得面面俱到,相反一些情况下适当采用二维绘图的方法可以减少建模的工作量并提高绘图速度。所以建模之初我们需要考虑好哪些是需要建的,哪些是可以忽略的,或者哪些是可以用一维方式替代的,并根据设计的情况灵活使用 Revit Architecture,选择与项目相适应的处理方法。

### 7.2.7　复　制　楼　层

如果建筑物每层间的共用信息较多,比如存在标准层,可以复制楼层来加快建模速度。复制后的模型将作为独立的模型,对原模型的任何编辑或修改,均不会影响复制后的模型。除非使用"组"的方式进行复制,如图 7-6 所示。

图 7-6　复制楼层示意

如果标准层较多,比如高层住宅的情况,可以将标准层全部图元或者部分图元设置为"组"的概念,与 AutoCAD 中的"块"类似,这样可以加快建模速度,且能更方便地进行模型管理。但是需要注意的是,如果"组"较多,则会增加计算机的运算负担。

## 7.3　生成立面图、剖面图和详图

Revit Architecture 中的立面图、剖面图是根据模型实时生成的,也就是说只要模型建立恰当,立、剖面视图中的模型图元几乎不需要绘制,就像前面所说"图纸只是 BIM 模型的衍生品"。而且,这里与一些可以生成立、剖面图的传统 CAD 不同,立、剖面图是根据模型的变化实时更新的,且每个视图都相互关联。对于详图,楼梯详图、卫生间详图等一般可以直接生成,但是对于部分节点大样因为模型建立时不可能每个细节都面面俱到,除了软件本身功能限制外,时间成本也是巨大的,因此必须采用 Revit Architecture 提供的二维详图功能进行深化和完善。

立面图生成:Revit Architecture 默认情况下有东、南、西、北 4 个立面图(如图 7-7 所示),可以通过创建一个立面视图符号来生成所需的任何立面图。一般情况下,只要模型建立恰当,Revit Architecture 所生成的立面图无须做过多调整,即能满足我们在立面图中的图形要求。

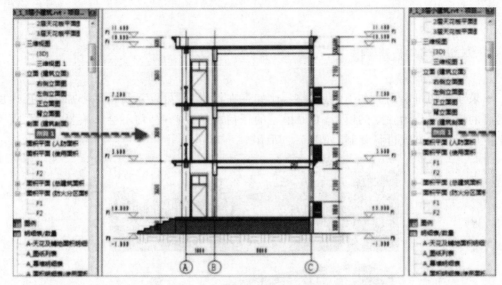

图 7-7　立面图示意

切的位置,剖面符号绘制完成,剖面图即已生成。这里需要说明的是,Revit Architecture 中自动生成的剖面图并不能完全达到我们的要求,往往需要添加一些构件,比如梁,以及对某些建筑构件进行视图处理,通过加工后才能满足剖面施工图的要求,如图 7-8 所示。

详图生成:绘制详图有 3 种方式,即"纯三维""纯二维"和"三维十二维"。对于楼梯、卫生间等一些详图,因为模型建立时信息基本已经完善,可以通过视图索引直接生成,此时索引视图和详图视图模型图元部分是完全关联的,如图 7-9 所示,对于一些节点大样,如屋顶挑檐,大部分主体模型已经建立,只需在详图视图中补充一些二维图元即可,此时索引视图和详图视图的三维部分是关联的。而有些大样因为无法用三维表达或者可以利用已有的 DWG 图纸,那么可以在 Revit Architecture 生成的详图视图中采用二维图元的方式绘制或者直接导入 DWG 图形,以满足出图的要求。

模型建立好后,要得到完全符合制图标准的图纸还需要进行视图的调整和设置。进行视图处理快捷也是常用的方法就是使用视图样板。视图样板可以定义在项目样板中,也可以根据需要自由定义。在本项目所采用的项目样板中,已经针对不同的视图设置了满足制图要求的样板,如图 7-10 所示。

图 7-11 所示是运用视图样板后楼梯平面大样的区别。除使用视图样板控制视图的默认显示模式外,Revit Architecture 还允许用户在视图中针对特定的图元进行单独显示调整。另外,对于视图中有连接的图元,比如剖面图中的梁与楼板,需要使用连接工具手动处理连接构件。

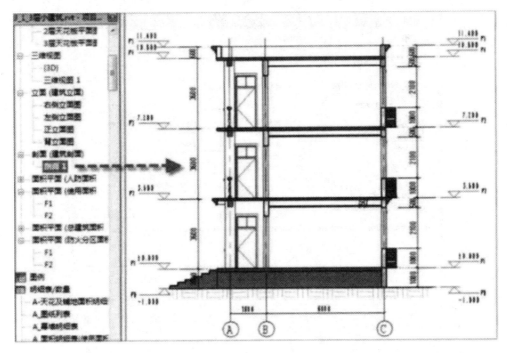

图 7-8　满足施工要求的立面图示意

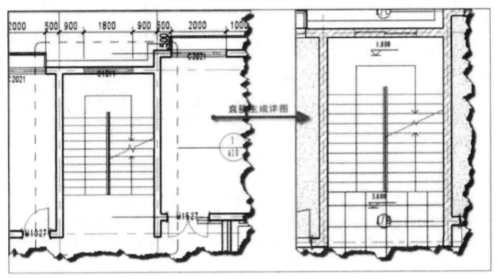

图 7-9　节点大样详图示意

# 7.4　标注和统计

　　在 Revit Architecture 中要实现施工图纸,除了模型图元外,还必须在视图中添加注释图元,如图 7-12 所示,主要是标注、添加二维图元以及统计报表等。Revit Architecture 中的标注主要有尺寸标注、高程标注、文字和其他符号标注等。与 AutoCAD 不同的是,Revit

图 7-10　视图样板示意

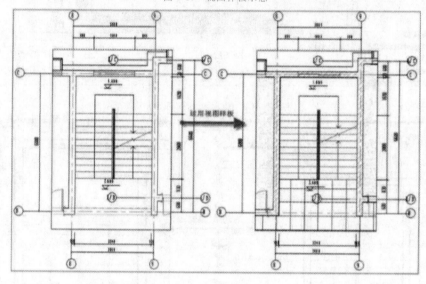

图 7-11　运用视图样板后楼梯平面大样示意

Architecture 中的注释信息可以使用模型图元中的信息,比如在标注楼板标高时可以自动提取此楼面的高程,而无须手动填写,可以最大限度地避免因手工填写带来的人为错误。

　　Revit Architecture 提供了强大的报表统计功能。例如,利用明细表数量功能进行门窗表统计、房间类型及面积统计、工程量统计等,如图 7-13 所示。在 Revit Architecture 中所有的统计数据与模型之间是相互关联的。

# 7.5　布图和打印输出

　　模型建好后,就可以对模型中的图元进行材质设定,以满足渲染的需要。Revit Architecture 的渲染功能非常简单,无须做过多设置就能得到较为满意的效果图,如图 7-14 所示。

　　在任何时候,都可以基于模型进行渲染操作,这个步骤不一定要在完成视图标注后进

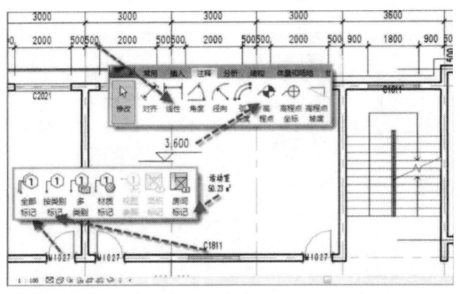

图 7-12 注释图元示意

| 窗明细表 | | | | | | | | |
|---|---|---|---|---|---|---|---|---|
| | | 洞口尺寸 | | 樘数 | | 选用图集 | | |
| 设计编号 | 类型 | 宽度 | 高度 | 总数 | 标高 | 参照图集 | 型号 | 备注 |
| C1218 | 塑钢窗 | 1200 | 1800 | 4 | F1 | | 90型 | 5+9A+5中 |
| C1218 | 塑钢窗 | 1200 | 1800 | 4 | F2 | | 90型 | 5+9A+5中 |
| C1218 | 塑钢窗 | 1200 | 1800 | 4 | F3 | | 90型 | 5+9A+5中 |
| | | | | 12 | | | | |
| C1811 | 塑钢窗 | 1800 | 1100 | 3 | F1 | | 90型 | 高窗5+9A |
| C1811 | 塑钢窗 | 1800 | 1100 | 3 | F2 | | 90型 | 高窗5+9A |
| C1811 | 塑钢窗 | 1800 | 1100 | 3 | F3 | | 90型 | 高窗5+9A |
| | | | | 9 | | | | |
| C2021 | 塑钢窗 | 2000 | 2100 | 11 | F1 | | 90型 | 5+9A+5中 |
| C2021 | 塑钢窗 | 2000 | 2100 | 11 | F2 | | 90型 | 5+9A+5中 |
| C2021 | 塑钢窗 | 2000 | 2100 | 11 | F3 | | 90型 | 5+9A+5中 |



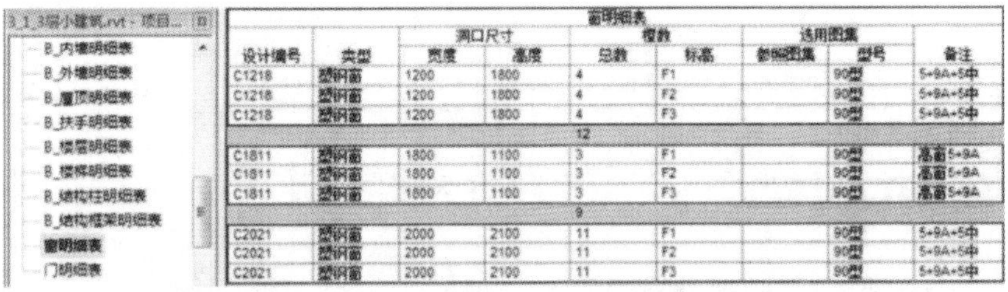

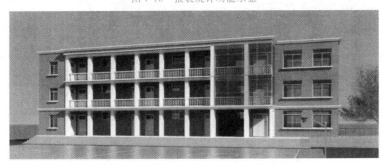

图 7-13 报表统计功能示意

图 7-14 效果图示意

行。它可以在方案推敲过程中，甚至还只是一个初步模型的时候就用来做实时渲染。它是动态、非线性的一个过程，建筑师可以一开始就了解自己的方案的成熟度，而不是借助专业的效果图公司来完成三维成果的输出，并且使建筑师摆脱了仅在二维立面图纸上进行设计分析的弊端。

完成以上操作后，就可以进行图纸的布图和打印。布图是指在 Revit Architecture 标题栏图框中布置视图，类似于 AutoCAD“布局”中布置视图操作的过程，在一个图框中可以布置任意多个视图，且图纸上的视图与模型仍然保持双向关联，如图 7-15 所示。Revit Architecture 文件的打印，既可以借助外部 PDF 虚拟打印机输出为 PDF 文件，也可以输出 Autodesk 公司自有的 DWF 格式的文件。同时 Revit Architecture 中的所有视图和图纸也均可以导出为 DWG 文件。

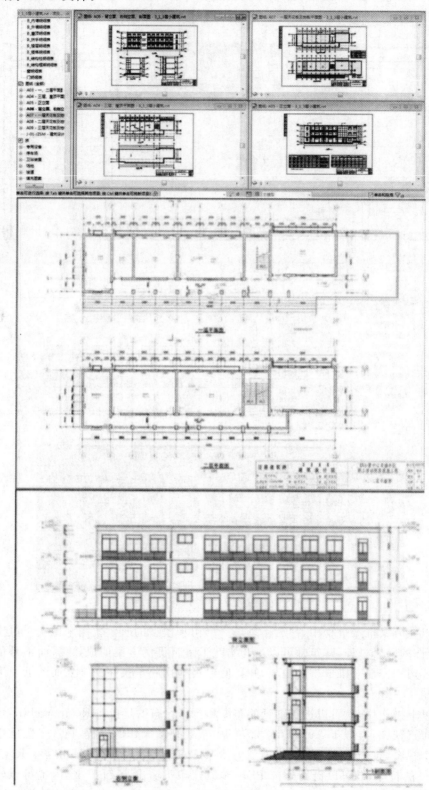

图 7-15　布图及打印输出示意

# 7.6 与其他软件交互概述

在用 Revit Architecture 进行建筑设计的过程中,可以根据需要将 Revit Architecture 中的模型和数据导入其他软件中做进一步处理。例如,可以将 Revit Architecture 创建的三维模型导入 3dsMax 中进行更为专业的渲染,或导入 Autodesk Ecotect Analysis 中进行生态方面的分析,还可以通过专用的接口将结构柱、梁等模型导入 PKPM 或 Etabs 等结构建模或计算分析软件中进行结构方面的分析运算。

## 本章小结

Revit Architecture 是一个系统且结构化的软件,但却不失灵活性,本章所介绍的这个流程,也不是一成不变的。当读者越来越熟悉它以后,将发现流程可以有很多种,建模也可以有多种方案。我们可以在使用过程中根据自己项目的特点、阶段来选择不同的流程和方法,提高使用的水平,改进工作效率和质量。

## 思考与练习题

7-1 简要说明 Revit Architecture 的设计流程。

# 第8章

# 建筑模型创建应用之简易别墅

本章要点和学习目标

**本章要点：**

(1)项目的准备工作，包括新建项目及应用项目样板、保存项目、绘制项目标高和轴网等准备工作。

(2)模型的创建工作，包括如何创建建筑柱、绘制及编辑墙体、给项目添加门和窗、创建楼板、绘制楼梯和栏杆扶手、绘制屋顶和三维视图展示。

**学习目标：**

(1)掌握如何新建一个项目。

(2)掌握创建和编辑标高与轴网。

(3)掌握创建和编辑建筑柱与墙体。

(3)掌握添加门和窗。

(4)掌握创建和绘制楼板、楼梯、栏杆扶手和屋顶。

## 8.1    新建项目

在 Revit 中，项目是整个建筑物设计的联合文件。建筑的所有标准视图、建筑设计图以及明细表都包含在项目文件中。只要修改模型，所有相关的视图、施工图和明细表都会随之自动更新。创建新的项目文件是开始设计的第一步。

启动 Revit 软件，单击左上角"应用程序菜单"按钮，在弹出的下拉菜单中依次单击"新建">"项目"命令，如图 8-1 所示。

图 8-1　新建 | 项目命令

在弹出的"新建项目"对话框中单击"浏览"按钮,选择桌面＞BIM 上机资料(全)＞简易别墅样板文件-方案.rte,单击"确定"按钮,如图 8-2 所示。

图 8-2　新建项目对话框

单击软件界面左上角的"应用程序菜单"按钮,在弹出的下拉菜单中依次单击"保存"＞"项目"命令,如图 8-3 所示,将样板文件存为项目文件,后缀将由.rte 变更为.rvt 文件。

# 8.2　绘制标高和轴网

按照 Revit 绘图步骤,接下来绘制标高和轴网。在 Revit 中,快捷高效的方法是先绘制标高再绘制轴网。

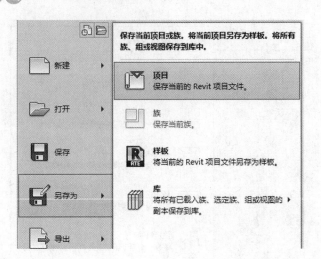

图 8-3  保存文件

### 8.2.1  绘制标高

在项目浏览器中展开"立面"项,双击视图名称"南立面",进入南立面视图如图 8-4 所示。系统默认设置了两个标高:标高 1 和标高 2,可根据需要修改标高高度。

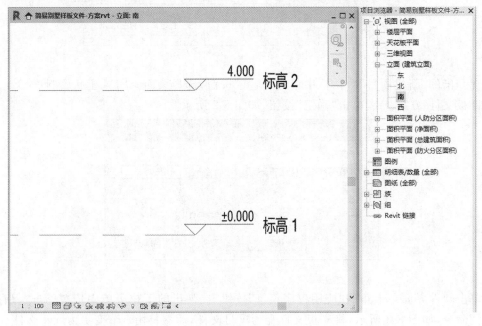

图 8-4  南立面视图

**1. 修改标高名称**

单击标高 1,标高 1 将全部被选中,即显示为蓝色,再单击"标高 1"字体框,"标高 1"将处于可被修改状态,此时输入 1 层并按 Enter 键,如图 8-5 所示。

然后,将出现一个提示框,单击"是"按钮,即完成标高 1 名称的修改,如图 8-6 所示。

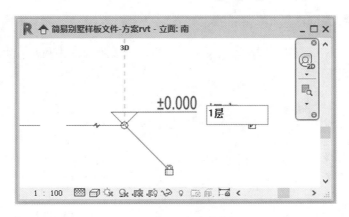

图 8-5　南立面-标高重命名

依此方法将标高 2 的名称改为 2 层。

**2. 修改标高值**

此时 2 层的标高为 4.000 m，根据项目需要将其改为 3.200 m。

单击标高 2 层，在 2 层和 1 层之间将出现一个临时尺寸 4000，单击它输入 3200 并按 Enter 健，如图 8-7 所示。

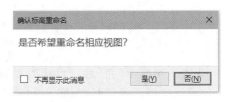

图 8-6　确认标高重命名提示框

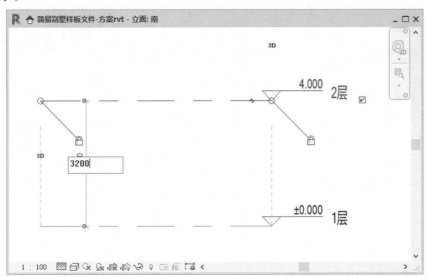

图 8-7　南立面-标高尺寸修改

**注意**：1. 也可以像修改标高名称那样修改标高值，只是此时输入 3.20 就可以了，样板默认标高单位为米（m），并且自动保留三位小数。

2. 如果单击临时尺寸右边的蓝色小图标 ，临时尺寸将变成尺寸标注，如图 8-8 所示。

（1）复制标高（方法一）

选中 2 层，单击"修改|标高"选项卡＞"修改"面板＞"复制"命令，在工具栏下方的选项栏中勾选"约束"和"多个"命令以便复制多个标高。

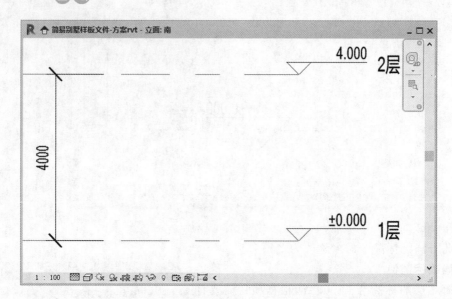

图 8-8  南立面-临时尺寸变成尺寸标注

单击 2 层线上的任意一点作为复制的起点,向上移动鼠标,输入 3000 并按 Enter 键确认,完成标高屋顶的复制,如图 8-9 所示。

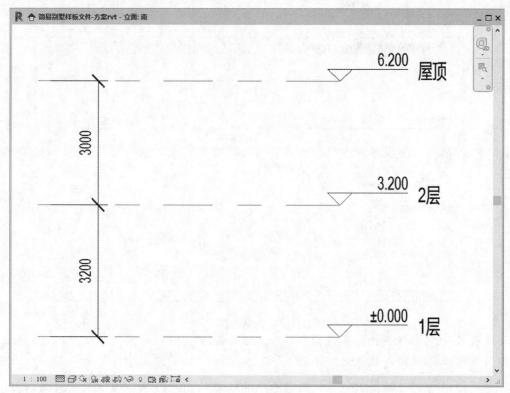

图 8-9  复制标高

（2）绘制标高（方法二）

单击"建筑"选项卡＞"基准"面板＞"标高"命令,在 2 层上方单击一点作为标高起点,从左向右移动鼠标,单击鼠标结束,将该标高重命名为"屋顶"并修改其高度值为"6.2"m。

### 8.2.2　绘　制　轴　网

**1. 添加楼层平面**

单击"视图"选项卡＞"创建"面板＞"平面视图"面板下拉菜单＞"楼层平面"命令,弹出"新建楼层平面"对话框,选择"屋顶",如图 8-10 所示,单击"确定"按钮完成楼层平面的创建。

**2. 创建轴网**

在项目浏览器中双击"楼层平面"项下的 1 层视图,打开首层平面视图。

首先绘制竖直方向的轴网,从左向右依次绘制 1～3 号轴线。

单击"建筑"选项卡＞"基准"面板＞"轴网"命令,移动光标到视图中,单击捕捉一点作为轴线起点,然后从下向上垂直移动光标一段距离后再次单击,即第一条轴线创建完成,轴号为 1。

前面已经讲过,根据一个标高复制多个标高,下面用同样的方法复制轴网。选择 1 号轴线,单击"修改|轴网"选项卡＞"修改"面板＞"复制"命令,在选项栏中勾选"约束"和

图 8-10　新建楼层平面对话框

"多个"。移动光标在 1 号轴线上单击捕捉一点作为复制参考点,然后水平向右移动光标,输入间距值 3800 后按 Enter 键完成 2 号轴线的复制。保持光标位于新复制的轴线右侧,输入 4200,按 Enter 键确认,复制 3 号轴线。完成垂直轴线后,结果如图 8-11 所示

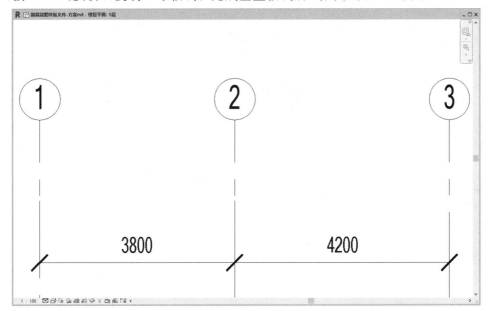

图 8-11　复制轴线

**注意**:一般的轴网是在轴线两端都有轴号标注的,这个可以在"属性"里面修改,单击任

意一条轴线,在左列"属性"栏中单击"编辑类型"弹出"类型属性"对话框,勾选如图 8-12 所示区域内的选择框。单击"确定"按钮退出。此时轴线的两边都会出现轴号标注。

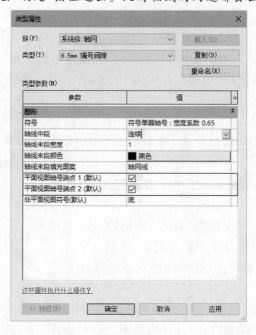

图 8-12　编辑类型属性对话框

接下来,用同样的方法绘制水平方向的轴网,如图 8-13 所示。

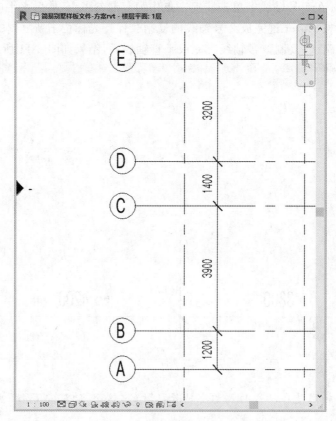

图 8-13　绘制轴网

### 3.编辑轴网

绘制完轴网后,需要在平面视图中手动调整轴线标头位置,如图 8-14 和图 8-15 所示。

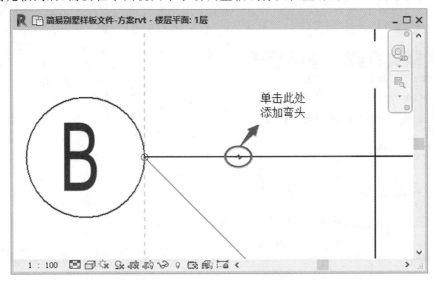

图 8-14　楼层平面 1 层-添加弯头

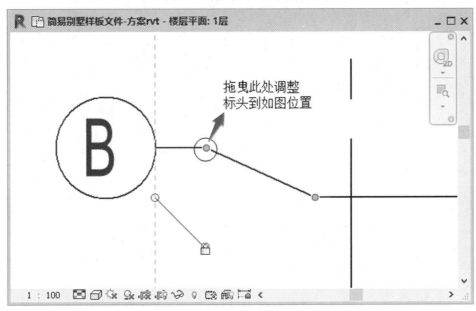

图 8-15　调整标头位置

为了使这一操作应用于每一层,选中轴线 B,单击"修改|轴网"选项卡＞"基准"面板＞"影响基准范围"命令,选中需要应用的楼层平面,如图 8-16 所示。

单击一条轴线,拖曳调整轴线位置,如图 8-17 所示。所有的轴网绘制完成后,如图 8-18 所示。

完成后保存文件为"简易别墅-标高轴网"。

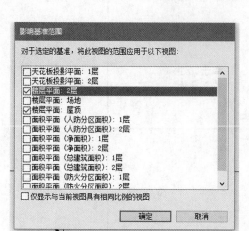

图 8-16  影响基准范围对话框

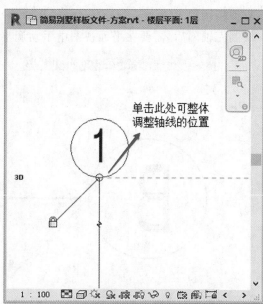

图 8-17  调整轴线位置

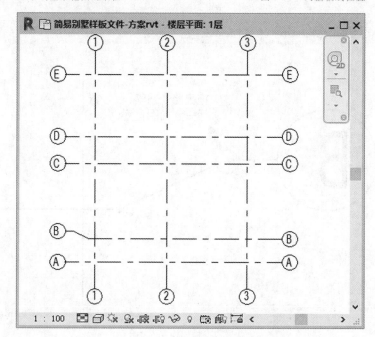

图 8-18  楼层平面 1 层

# 8.3  创建建筑柱

## 8.3.1  创建建筑柱

单击"建筑"选项卡＞"构建"面板＞"柱"下拉菜单＞"建筑柱"命令,在属性面板选择"矩形柱 457×475mm",在轴线的交点处单击插入建筑柱,如图 8-19 所示。

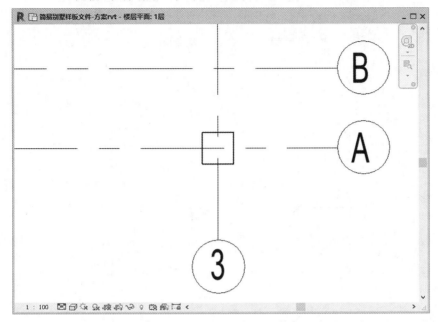

图 8-19　楼层平面 1 层-插入柱

　　绘制完成建筑柱之后,选中柱子,在属性面板中检查其顶部标高是否为 2 层,顶部偏移 "0.0",单击"应用"按钮,如图 8-20 所示。

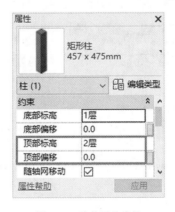

图 8-20　柱的属性编辑

# 8.4　绘制及编辑墙体

## 8.4.1　绘制墙体

在绘制墙体之前,首先绘制如下几个参照平面,如图 8-21、图 8-22、图 8-23、图 8-24 和图

8-25所示。单击"建筑"选项卡＞"工作平面"面板＞"参照平面"命令，然后依次绘制如图所示的参照平面。

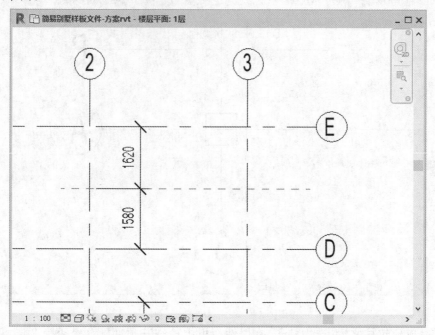

图 8-21　楼层平面 1 层-参照平面 1

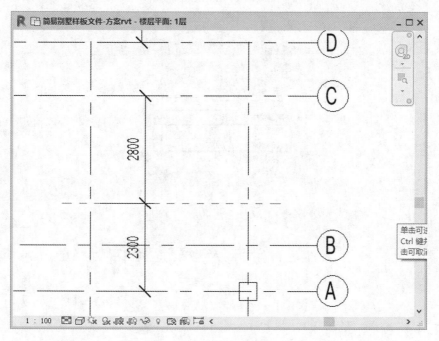

图 8-22　楼层平面 1 层-参照平面 2

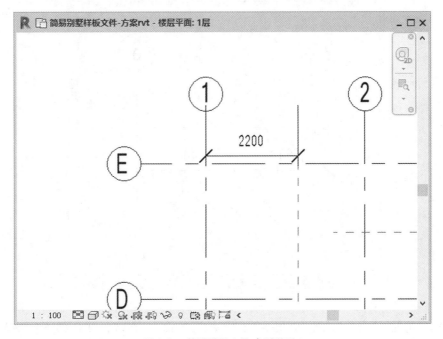

图 8-23　楼层平面 1 层-参照平面 3

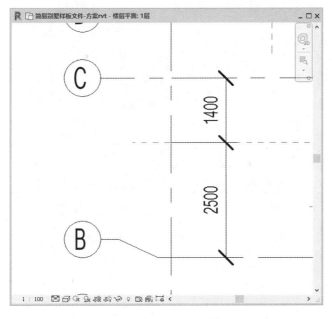

图 8-24　楼层平面 1 层-参照平面 4

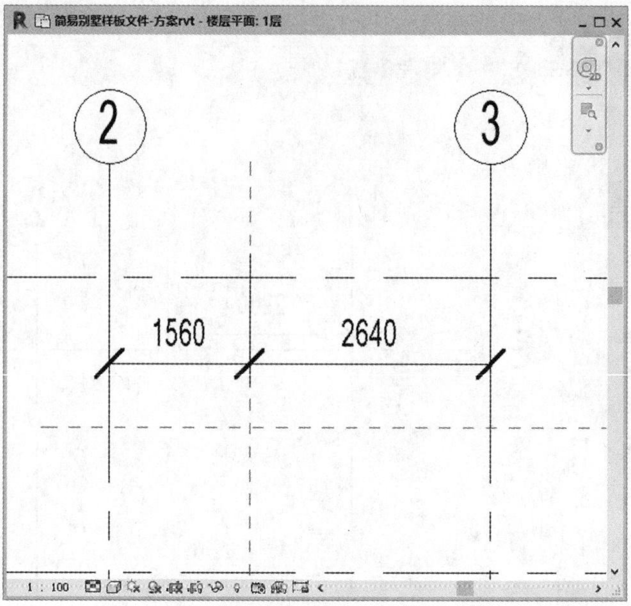

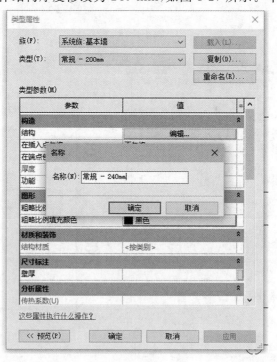

图 8-25　楼层平面 1 层-参照平面 5

单击"建筑"选项卡＞"构建"面板＞"墙"下拉菜单命令,在墙体属性的下拉菜单中选择"常规-200 mm"的墙体,单击"编辑类型",在弹出的"类型属性"对话框中单击"复制"按钮,输入名称"常规-240 mm",如图 8-26 所示。

单击"编辑",将墙体结构厚度修改为 240 mm,如图 8-27 所示。单击"确定"按钮完成。

图 8-26　墙的属性编辑 1

在选项栏中修改其高度为 2 层,定位线为"墙中心线",如图 8-28 所示。

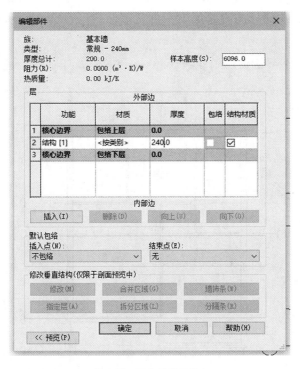

图 8-27　墙的属性编辑 2

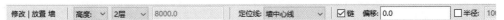

图 8-28　墙中心线

移动鼠标光标绘制墙体，如图 8-29 所示。

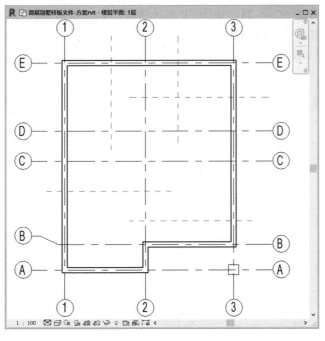

图 8-29　楼层平面 1 层-外墙

完成外墙绘制后,用同样的方法编辑和创建墙结构厚度为 100 mm 的内墙,如图 8-30 所示。

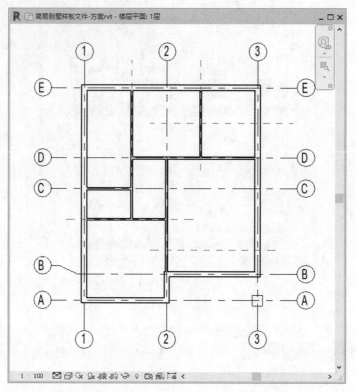

图 8-30　楼层平面 1 层-墙布置

用同样的方法绘制 2 层平面的墙体,基本墙体顶部标高为屋顶高度,顶部偏移为"0.0", 其他墙体在属性面板进行修改,如图 8-31 所示。

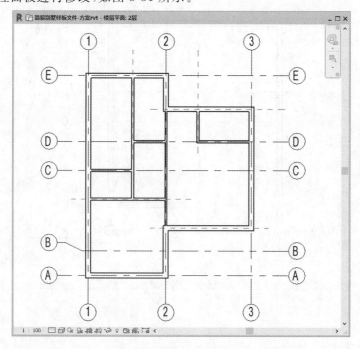

图 8-31　楼层平面 2 层-墙布置

# 8.5 添加门和窗

## 8.5.1 添加门

打开一层平面,单击"建筑"选项卡＞"构件"面板＞"门"命令,单击"修改|放置 门"选项卡＞"标记"面板＞"在放置时进行标记"命令。

选择"单扇玻璃门 750×2000 mm",沿墙体单击插入门。然后选择"门洞 1200×2400 mm",沿墙体单击插入门。依此类推,"双面嵌板格栅门 21600×2100 mm"和"四扇推拉门 23000×2100 mm"也沿墙体单击插入。如图 8-32 所示。

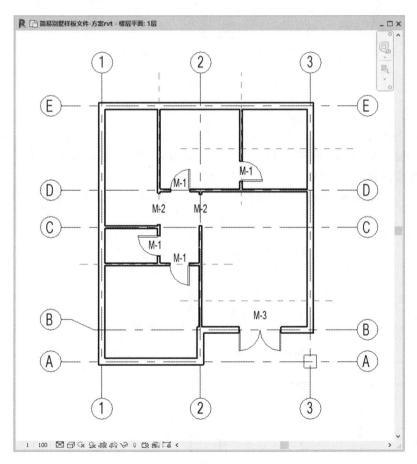

图 8-32　楼层平面 1 层-门布置

同样给二层平面添加门,如图 8-33 所示。

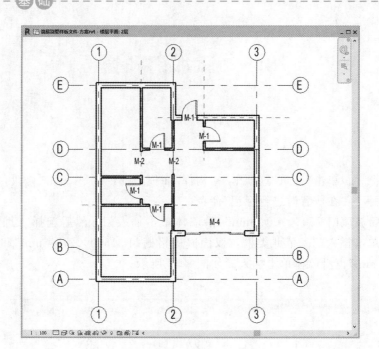

图 8-33　楼层平面 2 层-门布置

## 8.5.2　添加窗

打开一层平面,单击"建筑"选项卡＞"构建"面板＞"窗"命令,选择"固定窗",沿墙插入。然后选择凸窗,同样也沿墙插入。如图 8-34 所示。

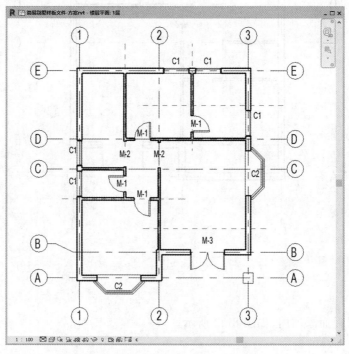

图 8-34　楼层平面 1 层-窗布置

用同样的方法添加二层平面的窗，如图 8-35 所示。

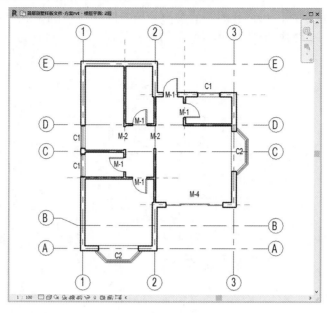

图 8-35　楼层平面 2 层-窗布置

# 8.6　创建楼板

打开"楼层平面:1 层"，单击"建筑"选项卡＞"构建"面板＞"楼板"下拉菜单＞"楼板:建筑"命令，单击"修改"选项卡＞"绘制"面板＞"线"命令，绘制楼板边缘线，如图 8-36 所示。

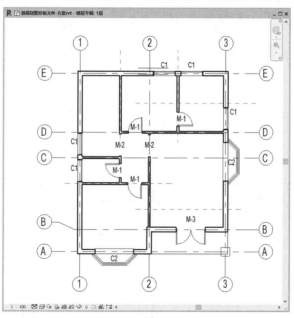

图 8-36　楼层平面 1 层-楼板

单击"修改"选项卡＞"模式"面板＞"√"命令,完成一层楼板的绘制。

打开"楼层平面:2层",用同样的方法绘制2层的楼板,如图8-37所示。

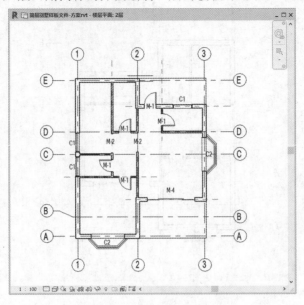

图 8-37　楼层平面 2 层-楼板

# 8.7　绘制楼梯和栏杆

## 8.7.1　绘制楼梯

首先,绘制楼梯前,先绘制"参照平面"。单击"建筑"选项卡＞"工作平面"面板＞"参照平面"命令,绘制参照平面,如图8-38所示。

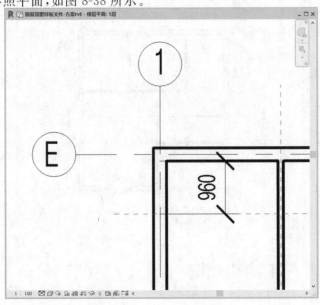

图 8-38　楼层平面 1 层-参照平面

绘制室内梯，打开"楼层平面：1 层"，单击"建筑"选项＞"楼梯坡道"面板＞"楼梯"命令，在"属性"选项板选择"系统族：现场浇注楼梯""整体浇筑楼梯"，单击"编辑类型"，修改"构造"＞"梯段类型"＞"结构深度"为"100.0"。如图 8-39 和图 8-40 所示。绘制楼梯，如图 8-41 所示。单击"修改|创建楼梯"选项卡＞"模式"面板＞"√"命令，完成楼梯绘制，如图 8-42 所示。

图 8-39　楼梯属性编辑 1

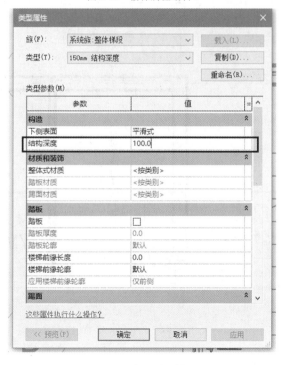

图 8-40　楼梯属性编辑 2

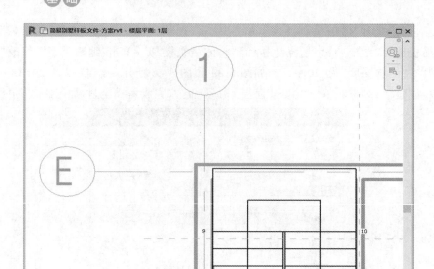

图 8-41 楼梯绘制

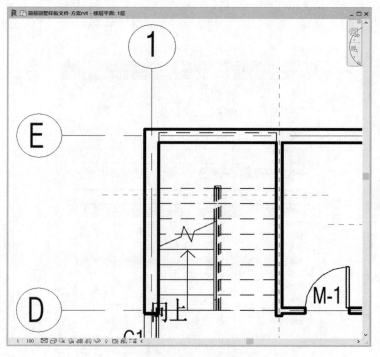

图 8-42 楼梯绘制完成

### 8.7.2　绘 制 洞 口

打开"楼层平面:1层",单击"建筑"选项卡>"洞口"面板>"竖井"命令,在楼梯间处绘制。修改竖井属性,单击"属性"面板>"底部偏移"设为"0.0"如图8-43所示。然后单击"√"命令,完成洞口绘制。

### 8.7.3　绘 制 栏 杆

打开"楼层平面:2层",单击"建筑"选项卡>"楼梯坡道"面板>下拉"栏杆扶手"菜单>"绘制栏杆"命令,如图8-44所示。

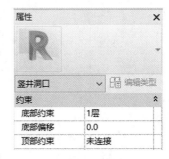

图 8-43　竖井洞口属性编辑

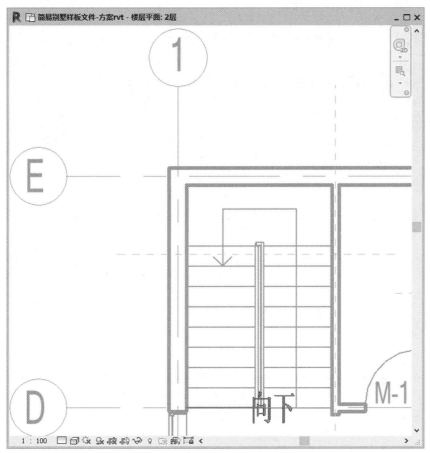

图 8-44(1)　楼梯栏杆

**注意:**所有不连接的栏杆扶手必须单独单击"√"命令。

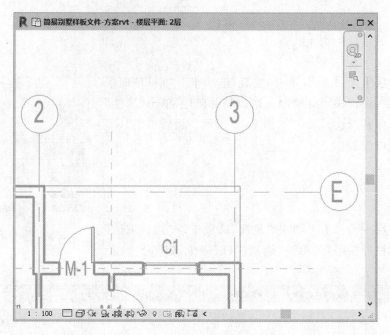

图 8-44(2)  阳台栏杆 1

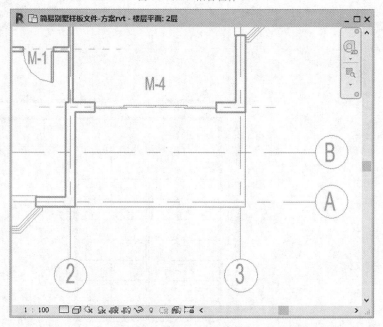

图 8-44(3)  阳台栏杆 2

## 8.8　绘制屋顶

　　在项目浏览器中打开"楼层平面:屋顶",单击"建筑"选项卡>"构建"面板>下拉"屋顶"菜单>"迹线屋顶"命令。

单击"绘制"面板＞"边界线"＞"拾取墙"，勾选"定义坡度"命令，"悬挑"输入"600"。

**注意**：拾取整体外墙的方法：光标放置在任意一片外墙上，如图 8-45 所示，此时这片墙呈现蓝色背景，同时单击键盘上的"Tab"键，这样整片墙均呈现蓝色背景，立即单击鼠标左键。

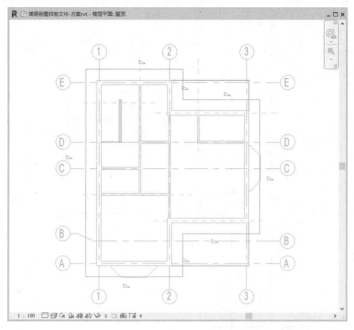

图 8-45　楼层平面屋顶层-屋顶创建 1

按照要求定义坡度，单击图 8-46 所示的"a"线，同时按住键盘"Ctrl"键，加选"b"线和"c"线，选中 a、b 和 c 线后，将"属性"栏里的"定义屋顶坡度"的勾选去除。单击"√"，完成屋顶创建。如图 8-47 所示。

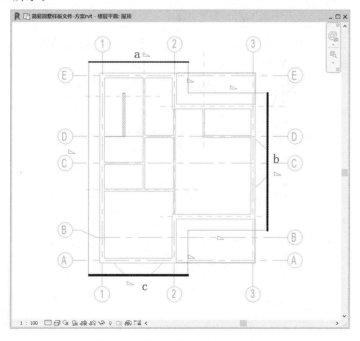

图 8-46　楼层平面屋顶层-屋顶创建 2

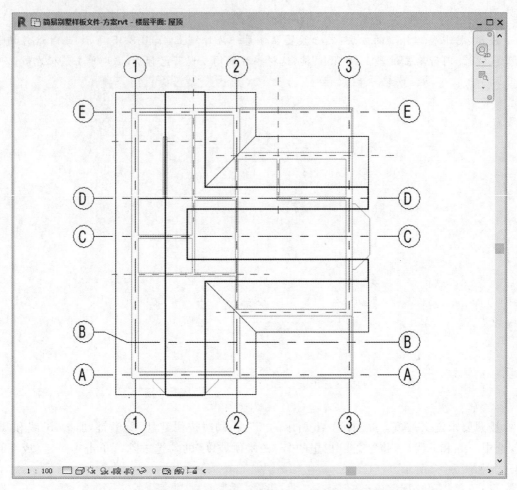

图 8-47　楼层平面屋顶层-屋顶创建 3

　　打开"楼层平面：屋顶"，然后单击"属性"栏＞"视图"＞"视图范围"＞弹出"视图范围"
框，如图 8-48 所示，完成屋顶绘制，如图 8-49 所示。

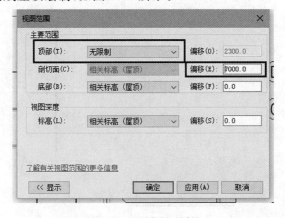

图 8-48　视图范围对话框

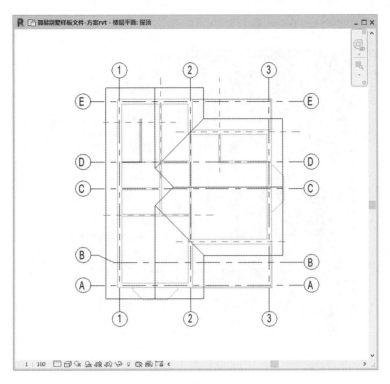

图 8-49　楼层平面屋顶层-屋顶完成

# 8.9　完成别墅绘制

打开"三维视图：{3D}"，检查项目完成情况，如图 8-50～图 8-54 所示。

图 8-50　三维视图-前立面

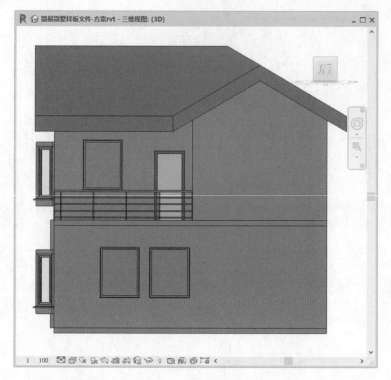

图 8-51 三维视图-后立面

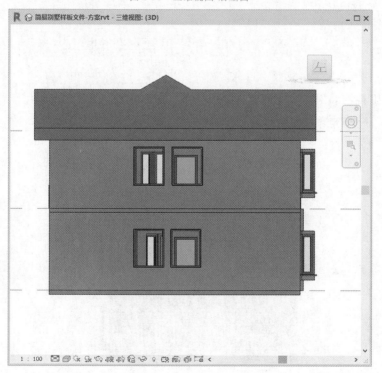

图 8-52 三维视图-左立面

图 8-53　三维视图-右立面

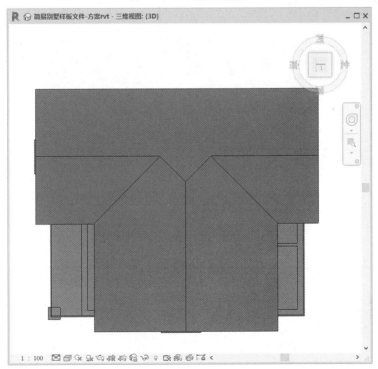

图 8-54　三维视图-上立面

本章小结

　　本章通过一个二层简易别墅建筑模型的创建,学习了项目的准备工作,包括新建项目及应用项目样板、保存项目、绘制项目标高和轴网等;掌握了模型的创建工作,包括如何创建建筑柱、绘制及编辑墙体、给项目添加门和窗、创建楼板、绘制楼梯和栏杆扶手、绘制屋顶和三维视图展示等。

　　 思考与练习题

　　8-1　通常在创建一个别墅项目时,在 Revit 中的创建步骤有哪些? 请按照创建顺序来回答。

　　8-2　在 Revit 软件中,标高和轴网的绘制分别应该在哪个视图中绘制? 按照复制方式绘制的标高,如何在"项目浏览器"中创建该标高的平面视图,请写出具体操作步骤。

# 第9章

# 建筑模型创建应用之现代别墅

 本章要点和学习目标

**本章要点：**

(1)项目的准备工作,包括新建项目及应用项目样板、保存项目、绘制项目标高和轴网等准备工作。

(2)模型的创建工作,包括创建建筑柱,绘制及编辑墙体,给项目添加门和窗,创建及绘制幕墙、楼板、楼梯和屋顶。

(3)模型的细化工作,包括用内建模型命令创建烟囱和为模型添加家具。

**学习目标：**

(1)掌握新建一个项目。

(2)掌握创建和编辑标高与轴网。

(3)掌握创建和编辑结构柱、结构梁与墙体。

(3)掌握添加门和窗。

(4)掌握创建和绘制幕墙与楼板。

(5)掌握创建和绘制楼梯与屋顶。

(6)掌握定制房间。

(7)掌握创建烟囱与添加家具。

## 9.1　新建项目

在 Revit 中,项目是整个建筑物设计的联合文件。建筑的所有标准视图、建筑设计图以及明细表都包含在项目文件中。只要修改模型,所有相关的视图、施工图和明细表都会随之自动更新。创建新的项目文件是开始设计的第一步。

启动 Revit 软件,单击左上角"应用程序菜单"按钮,在弹出的下拉菜单中依次单击"新建">"项目"命令,如图 9-1 所示。

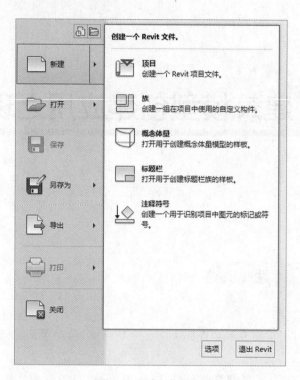

图 9-1　新建文件菜单

在弹出的"新建项目"对话框中单击"浏览"按钮,选择 BIM 上机文件>现代别墅>住宅项目样板文件>住宅样板文件-方案.rte,单击"确定"按钮,如图 9-2 所示。

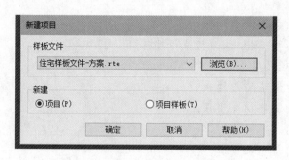

图 9-2　"新建项目"对话框

单击软件界面左上角的"应用程序菜单"按钮,在弹出的下拉菜单中依次单击"保存">"项目"命令,如图 9-3 所示,将样板文件存为项目文件,后缀名将由.rte 变更为.rvt。

图 9-3　保存项目

# 9.2　绘制标高和轴网

接下来按照 Revit 绘图步骤,绘制标高和轴网。在 Revit 中,快捷高效的方法是先绘制标高再绘制轴网。

## 9.2.1　绘制标高

在项目浏览器中展开"立面"项,双击视图名称"东立面"进入东立面视图,如图 9-4 所示。系统默认设置了两个标高:标高 1 和标高 2,可根据需要修改标高高度。

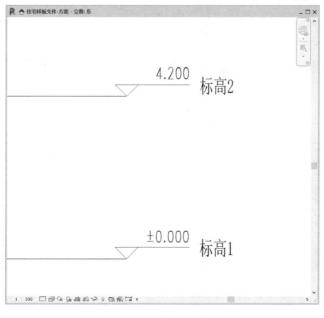

图 9-4　绘制立面标高

**1. 修改标高名称**

单击标高 1，标高 1 将全部被选中，即显示为蓝色，再单击"标高 1"字体框，"标高 1"将处于可被修改状态，此时输入 F1 并按"Enter"键，如图 9-5 所示。

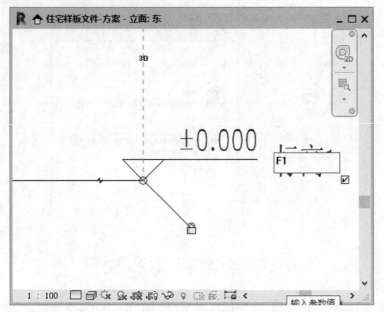

图 9-5　修改标高名称

然后，将出现一个提示框，如图 9-6 所示，单击"是"按钮，即完成标高 1 名称的修改。

依此方法将标高 2 的名称改为 F2。

**2. 修改标高值**

此时 F2 的标高为 4.200 m，根据项目需要将其改为 2.550 m。

图 9-6　确认标高重命名提示框

单击标高 F2，在 F2 和 F1 之间将出现一个临时尺寸"4200"，单击它并输入"2550"并按"Enter"键，如图 9-7 所示。

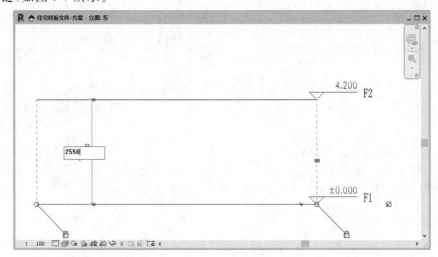

图 9-7　修改标高值

注意：1. 也可以像修改标高名称那样修改标高值，只是此时输入 2.55 就可以了，样板默认标高单位为米（m），并且自动保留三位小数。

2. 如果点中临时尺寸右边的蓝色小图标，临时尺寸将变成尺寸标注，如图 9-8 所示。

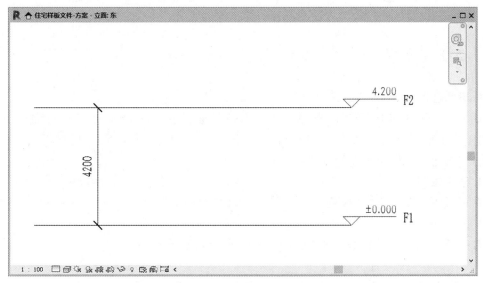

图 9-8　临时尺寸变为尺寸标注

### 3. 复制标高

选中 F2，单击"修改|标高"选项卡＞"修改"面板＞"复制"命令，在工具栏下方的选项栏中勾选"约束"和"多个"，以便复制多个标高。

单击标高 F2 线上的任意一点作为复制的起点，向上移动鼠标，输入 2550 并按 Enter 键确认，完成标高 F3 的复制。继续向上移动鼠标，分别复制标高 F4 和"屋顶"，如图 9-9 所示。此时，绘制的标高在四个立面上都会出现。

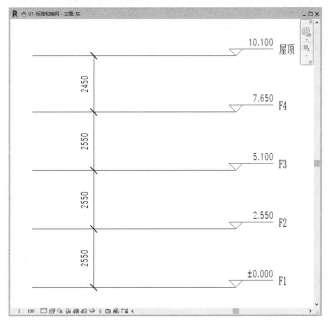

图 9-9　通过复制绘制标高

**4. 具体绘制标高**

单击"建筑"选项卡>"基准"面板>"标高"命令,在 F1 左下方单击一点作为标高起点,从左向右移动鼠标并单击作为结束,将该标高重命名为"室外地坪"并修改其高度值为"-0.100"。

## 9.2.2 绘制轴网

**1. 添加楼层平面**

单击"视图"选项卡>"创建"面板>"平面视图"面板下拉菜单>"楼层平面"命令,弹出"新建楼层平面"对话框,选择 F3、F4 和屋顶,如图 9-10 所示,单击"确定"按钮完成楼层平面的创建。

**2. 创建轴网**

在项目浏览器中双击"楼层平面"项下的 F1 视图,打开首层平面视图。

首先绘制竖直方向的轴网,从左向右依次绘制①~⑥号轴线。

单击"建筑"选项卡>"基准"面板>"轴网"命令,移动光标到视图中,单击捕捉一点作为轴线起点,然后从下向上垂直移动光标一段距离后再次单击,即第一条轴线创建完成,轴号为①。

前面已经讲过根据一个标高复制多个标高,下面用同样的方法复制轴网。选择①号轴线,单击"修改|轴网"选项卡>"修改"面板>"复制"命令,在选项栏中勾选"约束"和"多个"。移动光标在①号轴线上单击捕捉一点作为复制参考点,然后水平向右移动光标,输入间距值"1590"后按"Enter"键完成②号轴线的复制。保持光标位于新复制的轴线右侧,分别输入"3000""3400""3000""3890"并依次按"Enter"键确认,复制③~⑥号轴线。完成垂直轴线后结果如图 9-11 所示。

图 9-10 "新建楼层平面"对话框

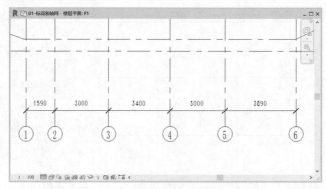

图 9-11 绘制垂直轴线

**注意**:一般的轴网是在轴线两端都有轴号标注的,这个可以在"属性"里面修改。单击任意一条轴线,在左列"属性"栏中单击"编辑类型"弹出"类型属性"对话框,勾选如图 9-12 所示区域内的选择框。单击"确定"按钮退出,此时轴线的两端都会出现轴号标注。

接下来,用同样的方法绘制水平方向的轴网,如图 9-13 所示

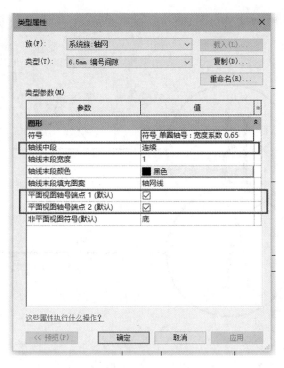

图 9-12  勾选轴号标注

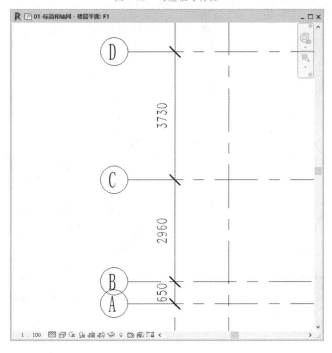

图 9-13  绘制水平轴线

**3. 编辑轴网**

绘制完轴网后，需要在平面视图中手动调整轴线标头位置，如图 9-14 和图 9-15 所示。

为了使这一操作应用于每一层，选中轴线Ⓑ，单击"修改│轴网"选项卡＞"基准"面板＞"影响基准范围"命令，选中需要应用的楼层平面，如图 9-16 所示。

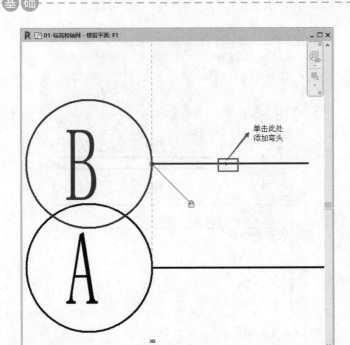

图 9-14　添加标注弯头

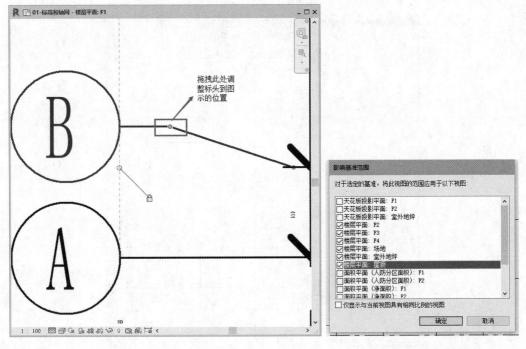

图 9-15　调整标头位置　　　　　　　　　　图 9-16　选择应用楼层

　　单击一条轴线,拖曳调整轴线位置,如图 9-17 所示。所有的轴网绘制完成后,如图 9-18 所示。

　　完成后保存文件为"01-标高轴网"。

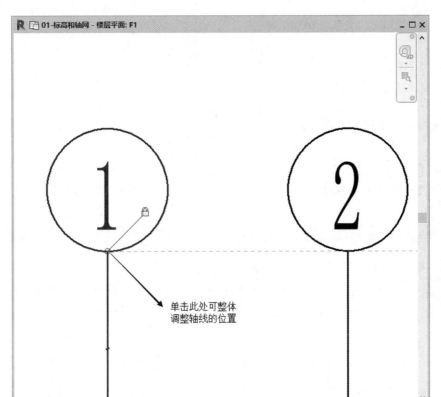

图 9-17　调整轴线位置

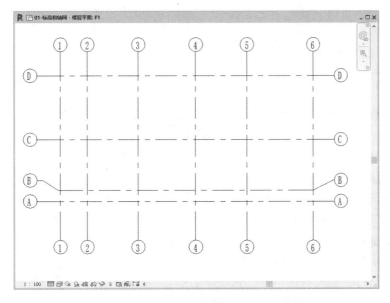

图 9-18　完成轴网绘制

# 9.3  创建结构柱和梁

## 9.3.1  创建结构柱

单击"建筑"选项卡＞"构建"面板＞"柱"下拉菜单＞"结构柱"命令,在属性面板选择"混凝土-圆形-柱 200 mm",在轴线的交点处单击插入结构柱,如图 9-19 所示。

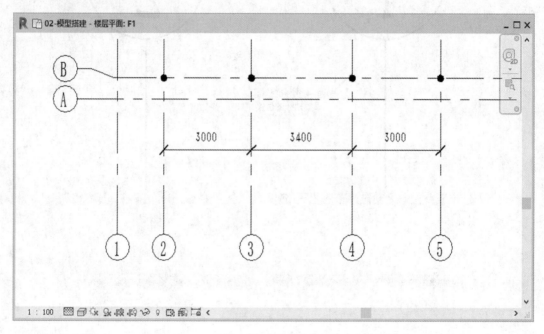

图 9-19  插入结构柱

绘制完结构柱之后,选中其中一根柱子,右击,在快捷菜单中单击"选择全部实例"＞"在整个项目中",此时所有的柱子都被选中,在属性面板中将其"顶部标高"改为"F4","顶部偏移"改为"－600",单击"应用"按钮,如图 9-20 所示。

选中所有的柱,单击"属性"面板＞"材质与装饰"选项板＞"柱材质"右侧的图标,弹出"材质浏览器"对话框,单击对话框左下角的复制图标,复制 Revit 材质并将其命名为:"1 柱-混凝土-白色抹灰",单击"确定"按组,如图 9-21 所示。

单击"项目材质"面板右侧"着色"选项下的颜色,将其修改为"白色",将"表面填充图案"改为"无",将"截面填充图案"改为"实体填充",如图 9-22 所示,单击"确定"按钮完成柱材质的修改。

图 9-20  设定结构柱属性

图 9-21  设定结构柱材质

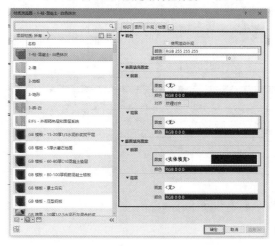

图 9-22  完成材质修改

### 9.3.2  创建梁

创建梁之前先为梁创建一个楼层平面,单击"项目浏览器"＞"视图"＞"楼层平面"＞F2,右击,快捷菜单中单击"复制"＞"带细节复制"。选择"副本:F2",右击,快捷菜单中单击"重命名",将其命名为"一层梁视图"。同样复制 F3,将其重命名为"二层梁视图"。复制F4,将其重命名为"三层梁视图"。

打开"楼层平面:一层梁视图",修改"属性"面板中的"视图范围",如图 9-23 所示。

单击"结构"选项卡＞"结构"面板＞"梁"命令,在"属性"面板选择"矩形梁-加强版 300-200",修改参照标高为 F2,沿 B 轴从左到右绘制梁,如图 9-24 所示。

选中已绘制的梁,修改"属性"面板中的"起点标高偏移"为"－300","终点标高偏移"为"－300",如图 9-25 所示。

同样在"楼层平面:二层梁视图"中绘制梁,如图 9-26 所示。

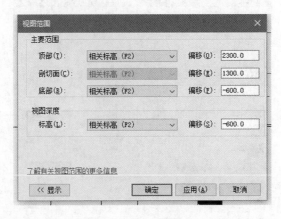

图 9-23　设定视图范围

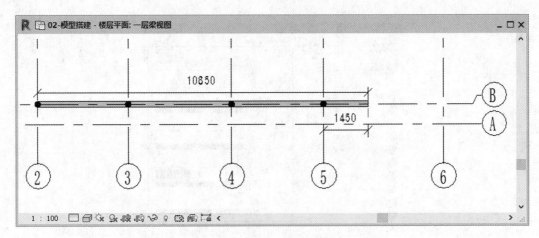

图 9-24　创建一层梁

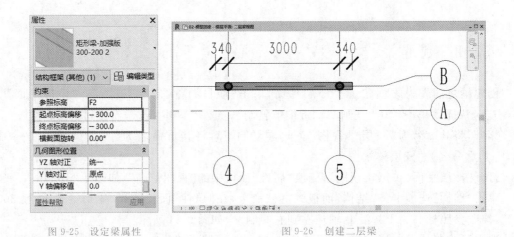

图 9-25　设定梁属性　　　　　图 9-26　创建二层梁

同样在"楼层平面：三层梁视图"中绘制梁，如图 9-27 所示。

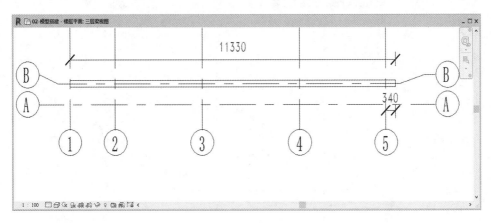

图 9-27　创建三层梁

# 9.4　绘制及编辑墙体

## 9.4.1　绘制墙体

在绘制墙体之前，首先绘制如下两个参照平面，如图 9-28、图 9-29 所示。

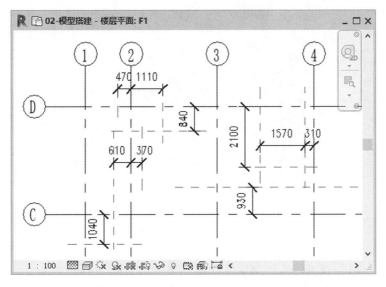

图 9-28　绘制参照平面 1

单击"建筑"选项卡＞"构建"面板＞"墙"下拉菜单"墙"命令，在墙体属性的下拉菜单中选择"常规-200 mm"的墙体，单击"编辑"类型，在弹出的"类型属性"对话框中单击"复制"按钮，输入名称"常规-120 mm"，如图 9-30 所示。

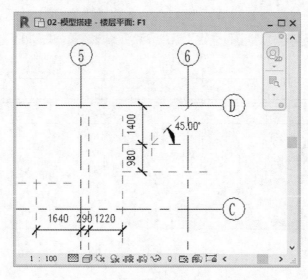

图 9-29　绘制参照平面 2

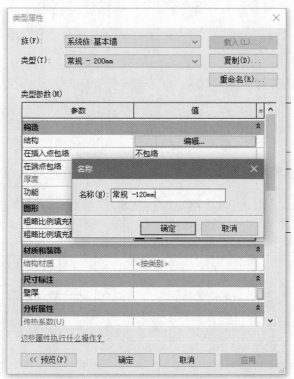

图 9-30　编辑墙体类型

单击"编辑"按钮,将墙体结构厚度修改为 120 mm,如图 9-31 所示。

单击"材质"选项右侧的小图标,弹出"材质浏览器"对话框,复制一个墙体"2-墙",将其颜色改为"白色","表面填充图案"和"截面填充图案"都改为"无",如图 9-32 所示,单击"确定"按钮完成墙体材质的修改。

图 9-31　设定墙体结构厚度

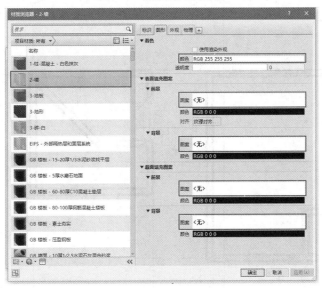

图 9-32　设定墙体材料

在选项栏中修改其高度为 F2，定位线为"墙中心线"，如图 9-33 所示。

图 9-33　设定墙体高度及定位线

在"属性"选项卡修改其顶部偏移为"-300"，如图 9-34 所示。

移动鼠标捕捉交点绘制墙体，如图 9-35、图 9-36 所示。

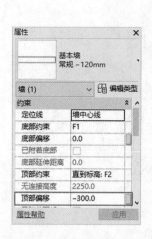

图 9-34  设定墙体偏移

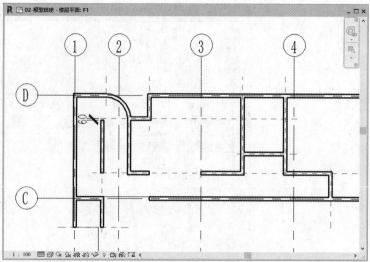

图 9-35  创建墙体 1

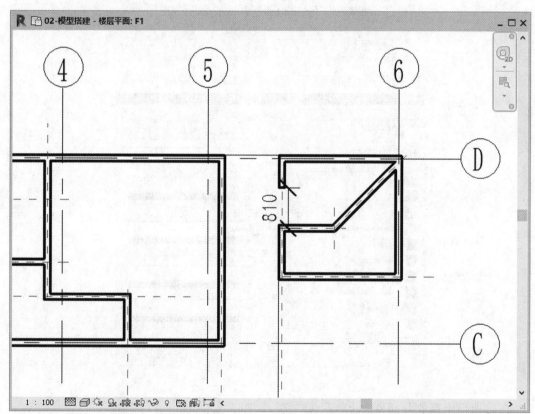

图 9-36  创建墙体 2

由于墙体的标高各不相同,可以通过属性栏修改其顶部限制条件,如修改①轴线上的墙体使其直到屋顶,如图 9-37 所示。

用同样的方法修改其他墙体,如图 9-38 所示。

图 9-37　修改墙体顶部约束

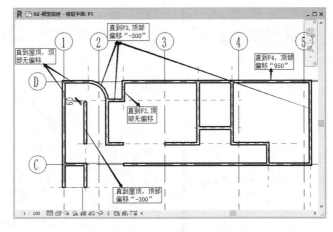

图 9-38　修改其他墙体

最右侧的墙体标高都相同,如图 9-39 所示。

可以用到"匹配类型属性"命令快捷地进行修改。选中其中一片墙,修改其顶部偏移为 0.0,如图 9-40 所示,单击"修改"选项卡＞"剪切板"面板＞"匹配类型属性"命令,单击已修改的墙体,再单击其他需被修改的墙体,所有墙体都被修改。

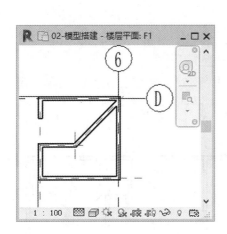

图 9-39　墙体标高相同

图 9-40　修改顶部偏移

用同样的方法绘制 2 层平面的墙体,基本墙体顶部标高为 F3,顶部偏移"－300",其他墙体在属性面板进行修改,如图 9-41 所示。

继续绘制三层平面的墙体,基本墙体顶部标高为 F4,顶部偏移为"－300",其他墙体在属性面板进行修改,如图 9-42 所示,参照平面在每层都会有显示,如果不想在该层显示,可以选中一个参照平面,右击,在快捷菜单中单击"在视图中隐藏"＞"类别",则所有参照平面在该层都不显示。

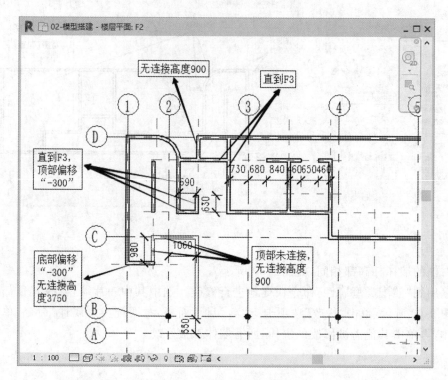

图 9-41 修改二层墙体

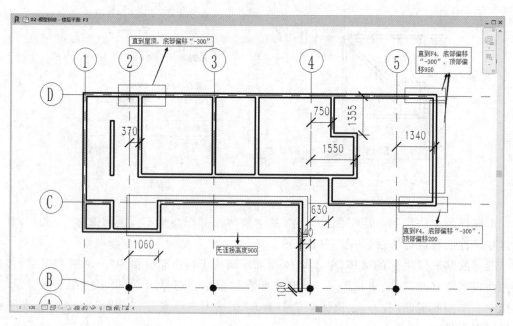

图 9-42 修改三层墙体

绘制女儿墙，如图 9-43 所示。

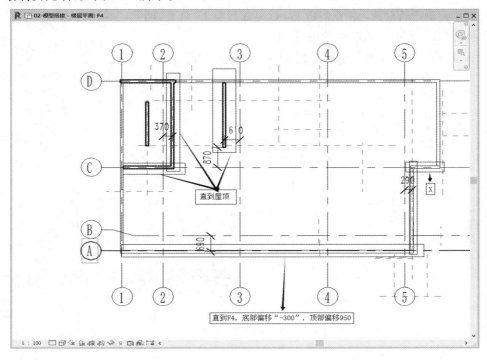

图 9-43 绘制女儿墙

## 9.4.2 编辑墙体

完成了 1～4 层基本墙体的绘制，下面来对墙体进行编辑，在 4 层平面图中选中Ⓐ轴上的墙体，单击"修改|墙"选项卡>"模式"面板>"编辑轮廓"命令。弹出"转到视图"对话框，选择"立面:南"，单击"打开视图"按钮，如图 9-44 所示，视图转到南立面。

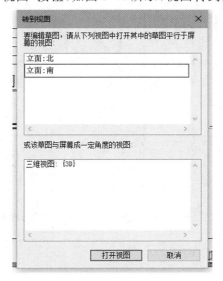

图 9-44 编辑墙体

　　墙体此时处于编辑模式,单击"修改|墙">"编辑轮廓"选项卡>"绘制"面板>"线"命令,对墙体轮廓进行修改,如图 9-45 所示,完成后单击"修改|墙">"编辑轮廓"选项卡>"模式"面板>"√"命令,完成墙体的编辑。

　　用同样的方法编辑其他墙体,如图 9-46～图 9-48 所示。

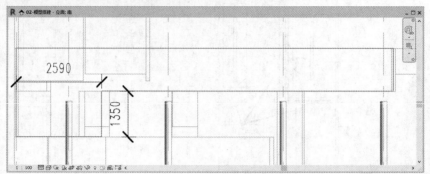

图 9-45　修改墙体轮廓 1

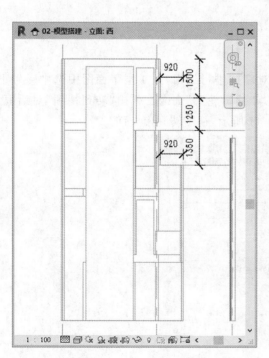

图 9-46　修改墙体轮廓 2

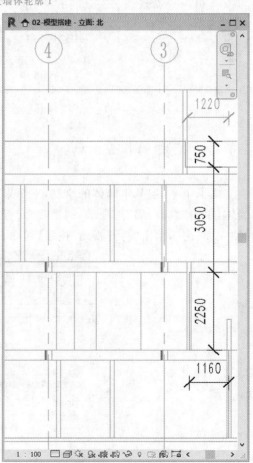

图 9-47　修改墙体轮廓 3

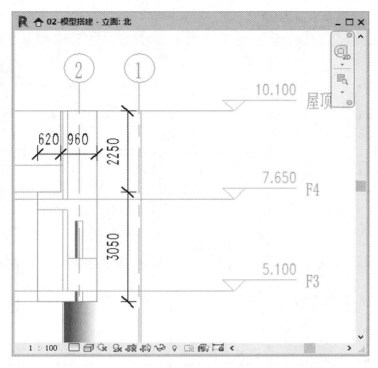

图 9-48　修改墙体轮廓 4

# 9.5　添加门和窗

## 9.5.1　添加门

打开一层平面，单击"建筑"选项卡＞"构件"面板＞"门"命令，选择"单扇玻璃门 800×2250 mm"，沿墙体单击插入门，如图 9-49 所示。

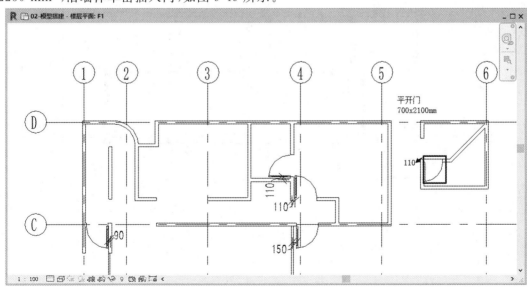

图 9-49　添加门 1

同样给二、三、四层平面添加门，如图 9-50～图 9-52 所示。

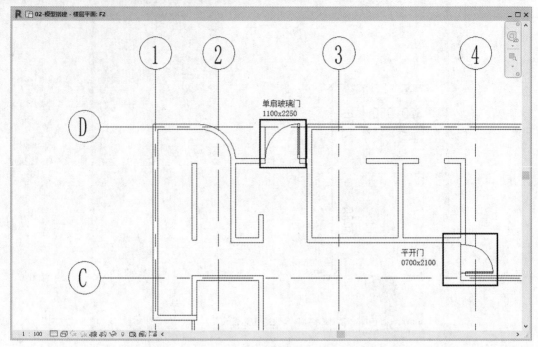

图 9-50　添加门 2

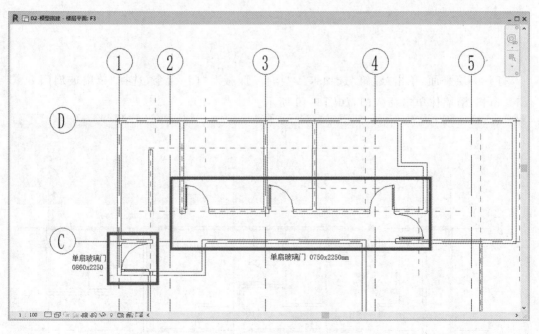

图 9-51　添加门 3

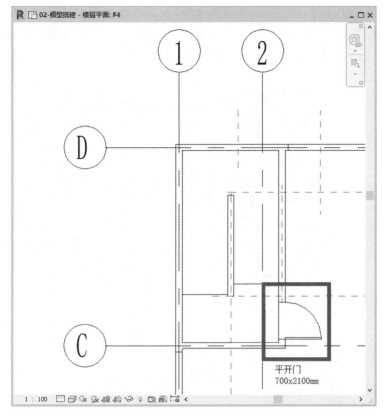

图 9-52　添加门 4

## 9.5.2　添加窗

打开一层平面，单击"建筑"选项卡＞"构件"面板＞"窗"命令，选择"固定窗"，然后沿墙插入，如图 9-53 所示。

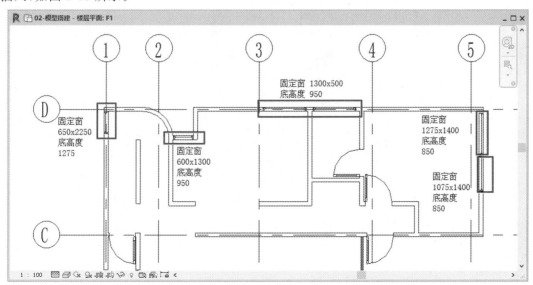

图 9-53　添加窗 4

213

如果窗的底高度过高,超出平面剖切的范围,那么在平面图中可能看不到该窗,此时需要调整剖切的高度。单击"属性">"视图范围">"编辑",弹出"视图范围"对话框,将剖切面偏移量改为 1300,如图 9-54 所示,单击"确定"按钮并退出。

图 9-54　设定视图范围

用同样的方法添加二、三层平面的窗,如图 9-55 和图 9-56 所示,注意各个窗底高度的不同。

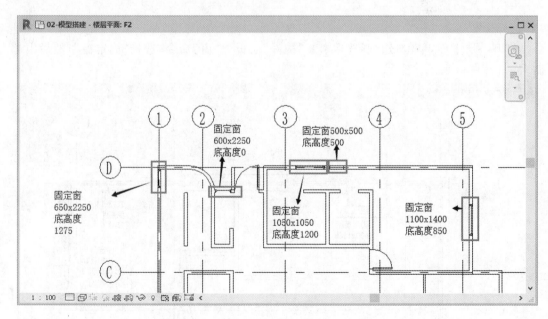

图 9-55　添加二层窗

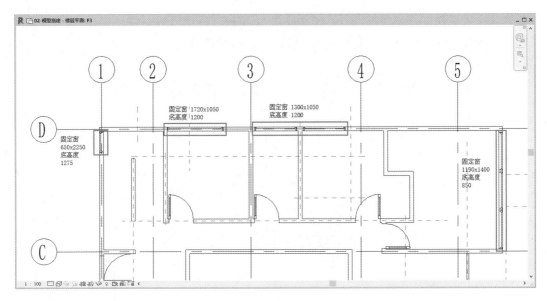

图 9-56　添加三层窗

# 9.6　创建楼板

打开"楼层平面:F1",单击"建筑"选项卡＞"构建"面板＞"楼板"下拉菜单＞"楼板"命令,单击"修改"选项卡＞"绘制"面板＞"线"命令,绘制楼板边缘线,如图 9-57 所示。单击"修改"选项卡＞"模式"面板＞"√"命令,完成一层楼板的绘制。

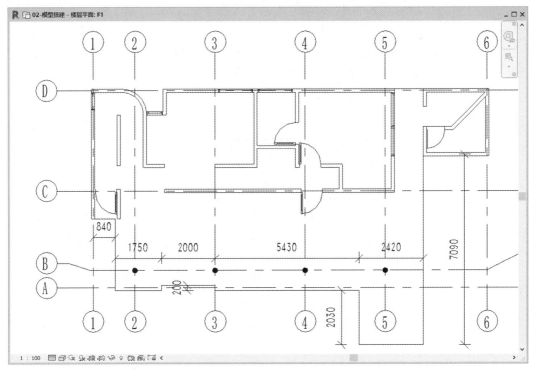

图 9-57　绘制楼板边缘线

修改楼板属性，单击"属性"面板＞"编辑类型"选项，在弹出的对话框中单击"复制"，将复制的楼板命令为100，单击"编辑"命令，将该楼板的材质修改为"混凝土"，厚度改为100，如图9-58所示。

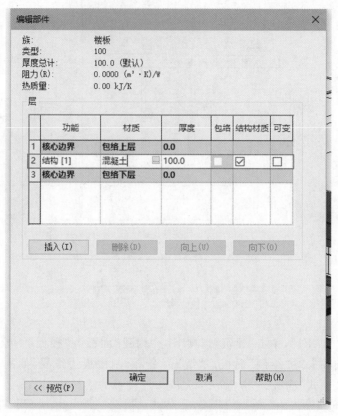

图 9-58　修改楼板属性

打开"楼层平面：F2"，用同样的方法绘制 2 层的楼板，如图 9-59 所示。

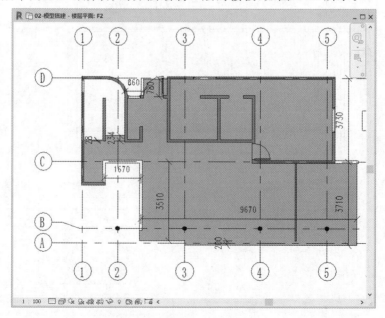

图 9-59　绘制二层楼板

完成楼板绘制后,同样要修改其属性,将该楼板命名为"300-木地板"。单击"编辑",将"结构1"的材质修改为"1-柱-混凝土-白色抹灰",厚度改为290。单击"插入"按钮。修改其功能为面层1[4],两次单击"向上"使插入的面层置于顶层。打开其材质面板,复制一个名为"3-地板"的材质,将其颜色修改为橙色,如图9-60所示。

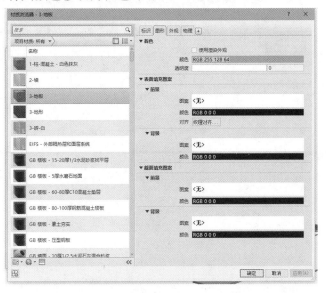

图9-60　编辑楼板属性

单击"确定"按钮完成材质的修改,将面层1[4]的厚度修改为10,如图9-61所示,单击"确定"按钮完成楼板的编辑。

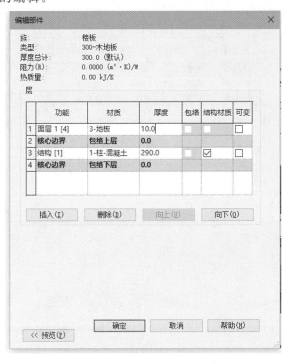

图9-61　修改楼板厚度

用同样的方法绘制三层的楼板,如图 9-62 所示,将其命名为 300,编辑其结构,如图 9-63 所示。

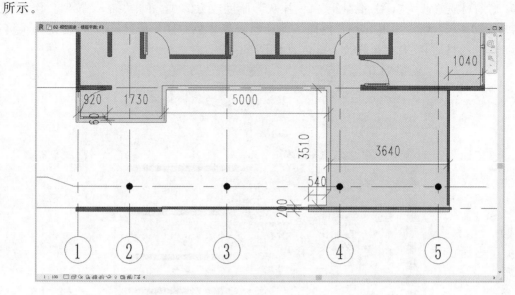

图 9-62 绘制三层楼板

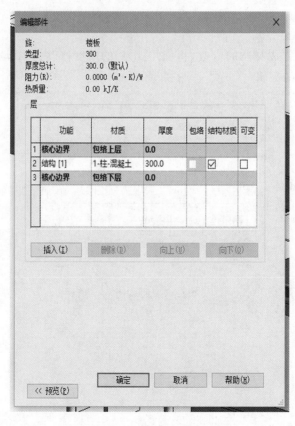

图 9-63 修改楼板属性

四层楼板材质同三层相同,编辑其轮廓,如图 9-64 所示。

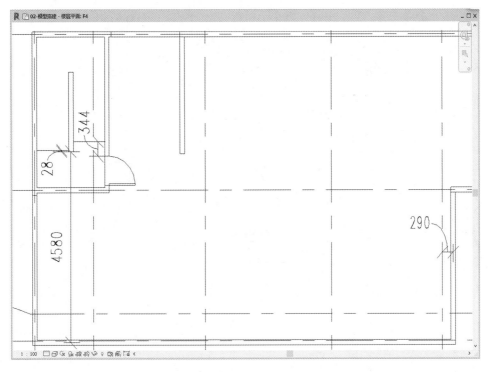

图 9-64　绘制四层楼板

打开"楼层平面:F4",用 300 的楼板绘制右边房间的屋顶,如图 9-65 所示。
在"属性"面板修改其"相对标高"为"-100",如图 9-66 所示。

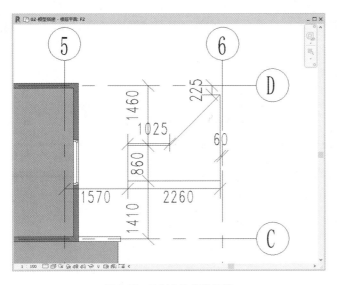

图 9-65　绘制右边房间屋顶

图 9-66　修改屋顶标高

打开"楼层平面:屋顶",同样用楼板绘制屋顶,如图 9-67 所示,楼板选择 300。

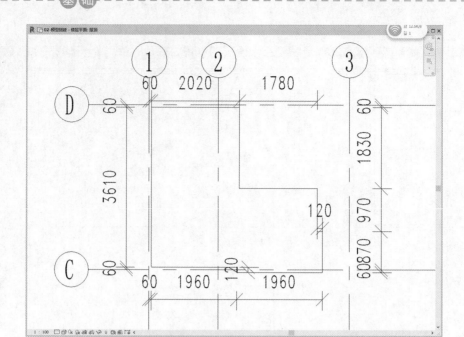

图 9-67　绘制屋顶

# 9.7　绘制幕墙

打开"楼层平面：F1"，单击"建筑"选项卡＞"构建"面板＞"墙"下拉菜单＞"墙"命令，在"属性"栏中选择"幕墙"，修改"无连接高度"为 7350，沿轴网Ⓐ绘制一面长 10550 mm 的幕墙，如图 9-68 所示。

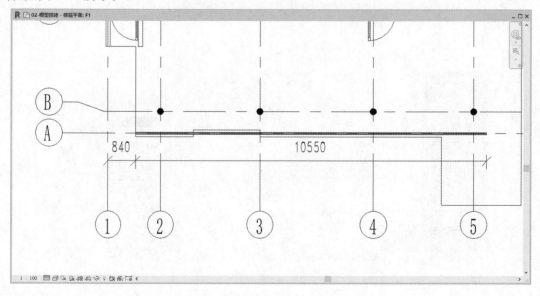

图 9-68　绘制幕墙

打开南立面,选择刚才绘制的幕墙,单击"修改|墙"选项卡>"模式"面板>"编辑轮廓"命令,对幕墙轮廓进行修剪,如图 9-69 所示。单击"修改"选项卡>"模式"面板>"√"命令,完成幕墙轮廓的编辑。

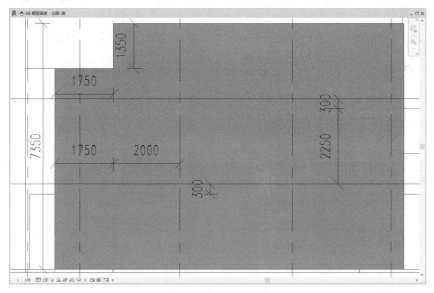

图 9-69  编辑幕墙轮廓

下面给幕墙添加网格,单击"建筑"选项卡>"构建"面板>"幕墙网格"命令,在幕墙表面放置网格,如图 9-70 所示。

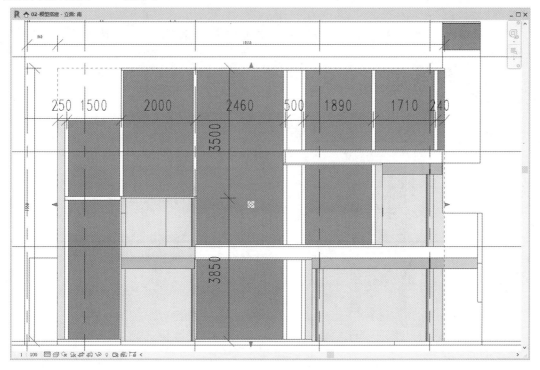

图 9-70  绘制幕墙网格

接着沿网格线添加竖梃,为了绘制更清楚,可以将幕墙隔离出来。选中整个幕墙,在选择过程中可以用 Tab 键帮助选择,单击视图下方"临时隐藏/隔离"选项中的"隔离图元",幕墙被隔离出来。

单击"建筑"选项卡＞"构建"面板＞"竖梃"命令,在"属性"选项板选择"矩形竖梃 50×200 mm"和"矩形竖梃 100×200 mm",沿着幕墙边缘和幕墙网格添加竖梃,如图 9-71 所示。

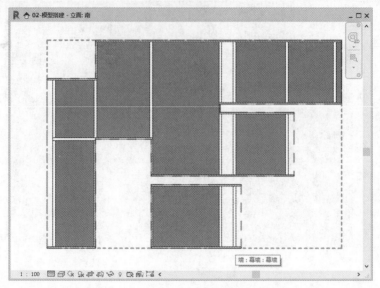

图 9-71　添加幕墙竖梃

通过 Tab 键选中最左侧的"系统嵌板 玻璃"把它替换成"系统嵌板 空",替换其他几处嵌板,如图 9-72 所示。

单击屏幕下方"临时隐藏/隔离"菜单中的"重设临时隐藏/隔离"恢复其他图元在当前视图的显示。

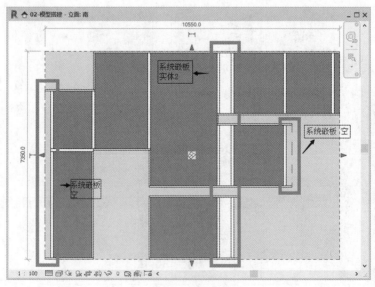

图 9-72　添加嵌板

回到"楼层平面:F1",修改"属性"选项板里"无连接高度"为 7350,在一层平面图中绘制幕墙,如图 9-73 所示,打开西立面,为幕墙添加网格和竖梃,如图 9-74 所示。

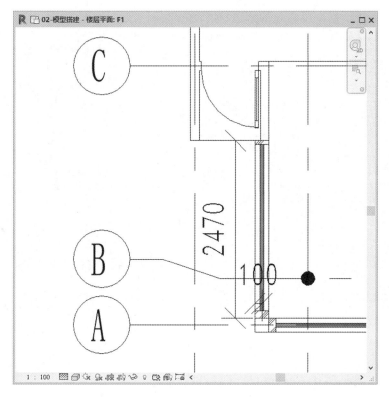

图 9-73  在一层平面中绘制幕墙

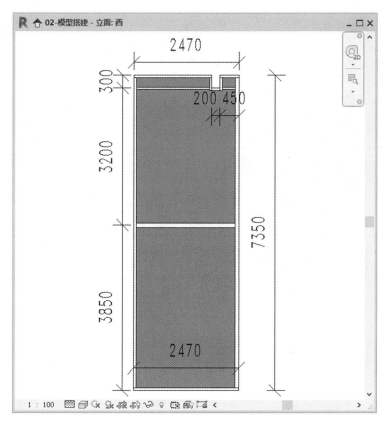

图 9-74  添加一层幕墙竖梃

用同样的方法绘制一层其他的幕墙，如图 9-75、图 9-76 所示。

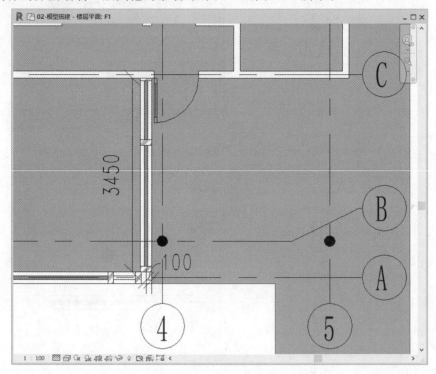

图 9-75　绘制一层其他幕墙 1

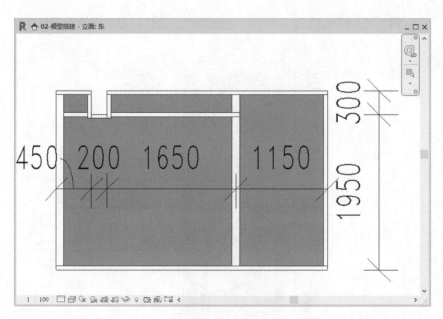

图 9-76　绘制一层其他幕墙 2

打开"楼层平面：F2"，用同样的方法绘制幕墙，如图 9-77、图 9-78 所示。

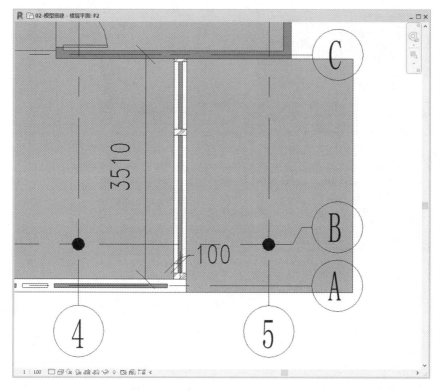

图 9-77　绘制二层幕墙 2

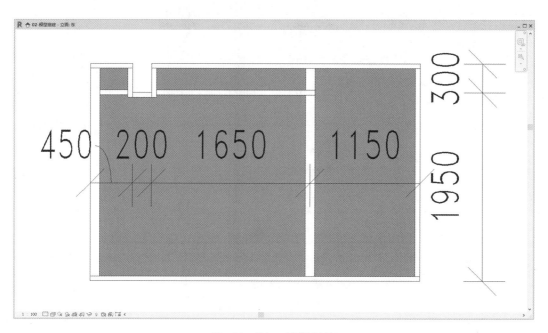

图 9-78　添加二层幕墙竖梃

把"系统嵌板-玻璃"替换为"门嵌板-单扇门",如图 9-79 所示。

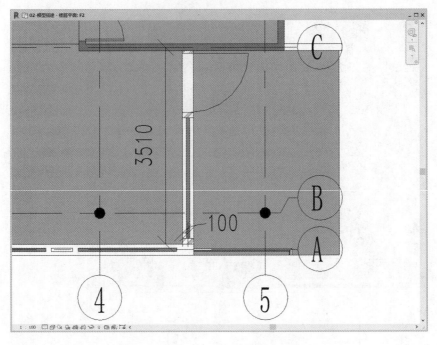

图 9-79　添加单扇门

打开"楼层平面：F3"，绘制幕墙，如图 9-80、图 9-81 所示。

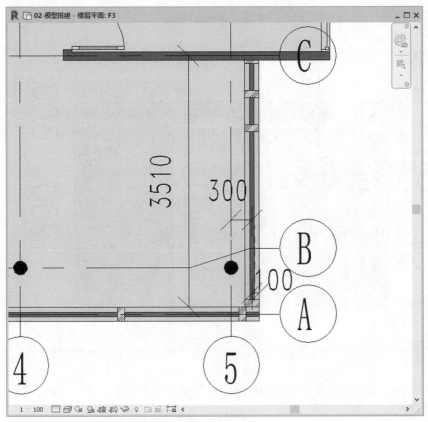

图 9-80　绘制三层幕墙

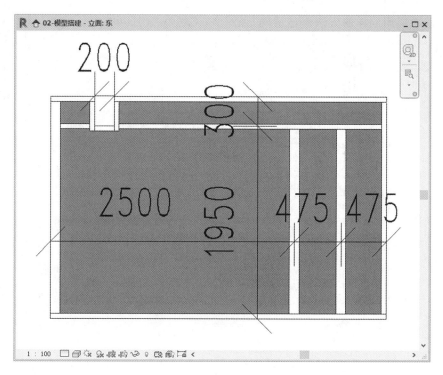

图 9-81　添加三层幕墙竖梃

# 9.8　定制房间

单击"建筑"选项卡＞"房间和面积"面板＞"房间"下拉菜单＞"房间分隔线",给未封闭的房间绘制房间分隔线。单击"建筑"选项卡＞"房间和面积"面板＞"房间"下拉菜单＞"房间"命令,光标移动到绘图区域闭合房间内,单击添加的房间标记,修改其名称,如图 9-82 所示。

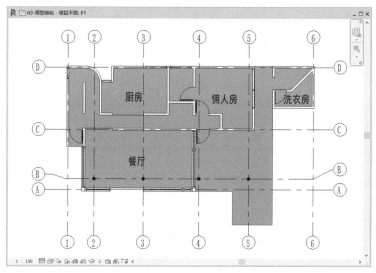

图 9-82　添加一层房间

227

在其他各层用同样的方法添加房间，如图 9-83、图 9-84 所示。

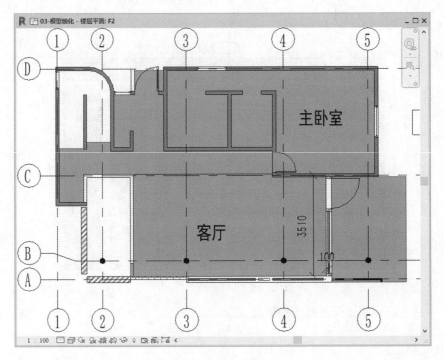

图 9-83　添加二层房间

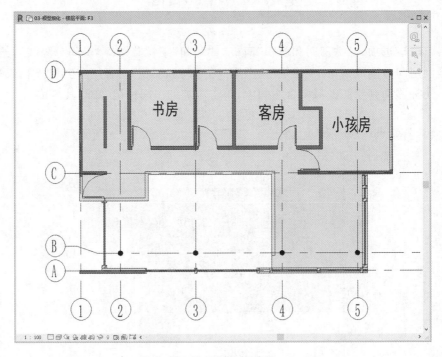

图 9-84　添加三层房间

# 9.9 绘制楼梯和坡道

## 9.9.1 绘制楼梯

首先是绘制室内楼梯,打开"楼层平面:F1",单击"建筑"选项卡＞"楼梯坡道"面板＞"楼梯"命令,类型选择"楼梯 1",单击"编辑类型",修改"最小踏板深度"为 234.0,修改"最大踢面高度"为 159.4,如图 9-85 所示。修改"属性"面板"多层顶部标高"为 F3,宽度为 860.0,如图 9-86 所示。

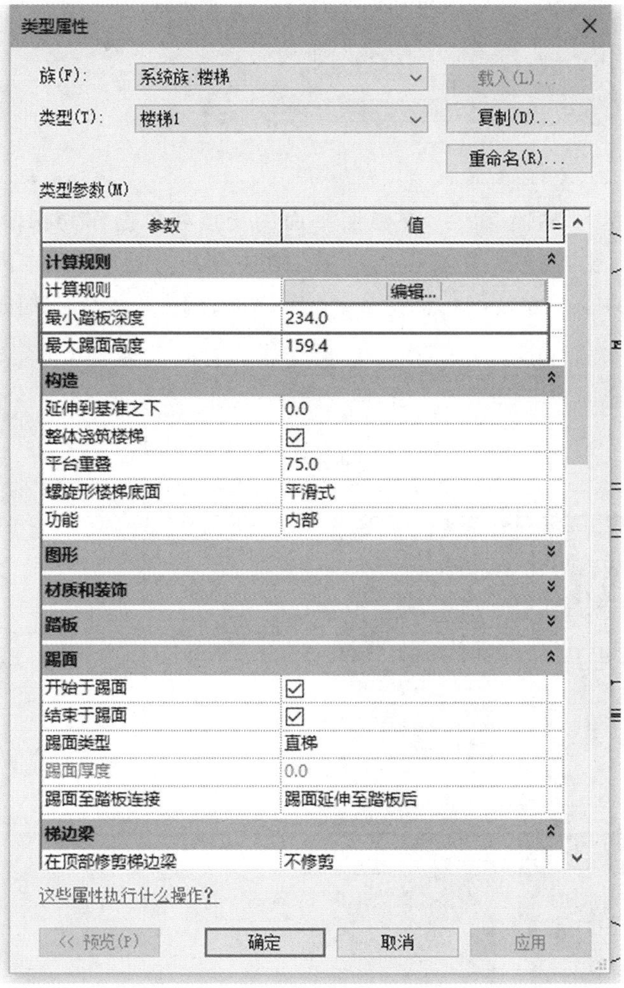

图 9-85  设置楼梯参数

图 9-86  修改楼梯属性

为了方便绘制楼梯,首先需绘制参考平面,如图 9-87 所示。

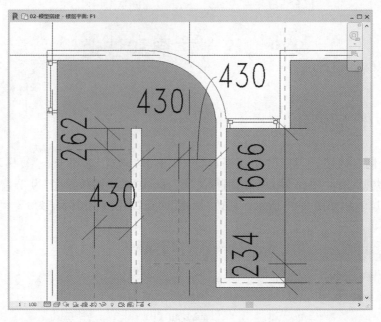

图 9-87　绘制参考平面

　　单击"修改"选项卡＞"绘制"面板＞"梯段"命令,在参照平面的交点处单击作为梯段的起点,向上拖曳鼠标,在交点处再次单击,完成一个梯段的绘制。在左侧交点处单击,向下拖曳鼠标,完成全部梯段后单击,此时梯段下方显示:"创建了 16 个踢面,剩余 0 个"。梯段绘制完成,如图 9-88 所示。

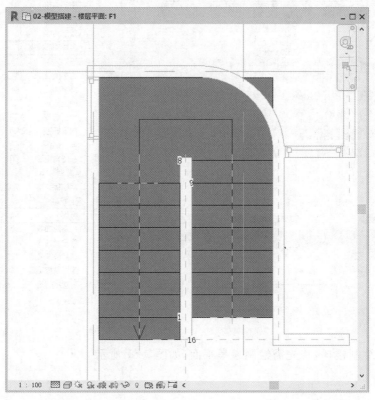

图 9-88　绘制梯段

单击楼梯,进入"编辑楼梯"状态。单击选中矩形楼梯平台,单击"修改|创建楼梯"选项卡＞"工具"面板＞"转换"命令,将矩形楼梯平台转换为草图编辑模式。

单击"修改|创建楼梯"选项卡＞"工具"面板＞"编辑草图"命令。

单击"修改|创建楼梯"＞"绘制平台"选项卡＞"绘制"面板＞"拾取线"命令,拾取弧形墙体内侧的线当作休息平台边缘线。

单击"修改"选项卡＞"模式"面板＞"√"命令,此时弹出"错误"提示框,如图 9-89 所示。单击"继续"按钮,此时发现弧形边界线与相邻两条边界线并未相交。单击"修改|编辑草图"选项卡＞"修改"面板＞"修剪|延伸为角"命令,分别单击两条边界线,剪切超出的边界线或使两条边界线相交。此时单击"修改"选项卡＞"模式"面板＞"√"命令,完成楼梯的绘制,如图 9-90 所示。

图 9-89　错误提示框

打开"楼层平面:F3",用同样的方式绘制楼梯,只是该休息平台不需要裁剪,如图 9-91所示,绘制完楼梯后删除楼梯的扶手。

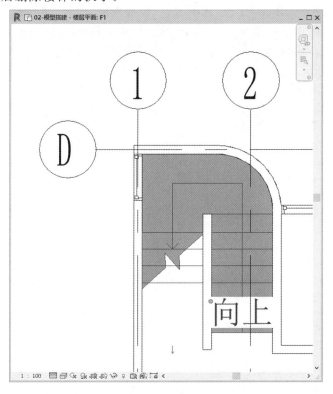

图 9-90　修剪楼梯边缘

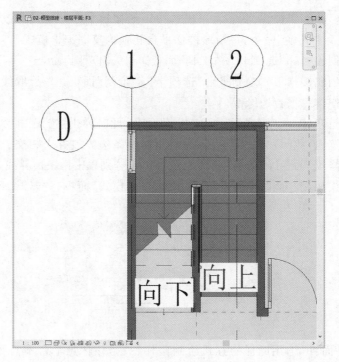

图 9-91　绘制三层楼梯

下面绘制室外楼梯。单击"建筑"选项卡＞"楼梯坡道"面板＞"楼梯"命令，在"属性"选项板选择"楼梯 2"，将其宽度改为 870。为梯段绘制参照平面，如图 9-92 所示。

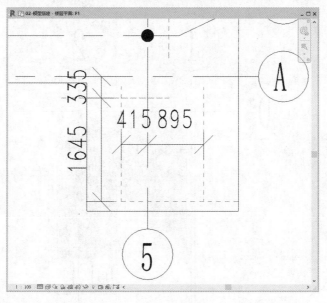

图 9-92　调整一层楼梯宽度

删除矩形休息平台。绘制半径为 1 090 mm 的弧形休息平台，如图 9-93 所示。

单击软件上方的"快速访问工具栏"面板＞"三维视图"命令，进入三维视图。通过 Tab 键选中室外楼梯的扶手并删除，再次回到"楼层平面：F1"。单击"建筑"选项卡＞"构建"面板＞"墙"下拉菜单＞"墙"命令，选择"墙 120"绘制墙体，如图 9-94 所示。

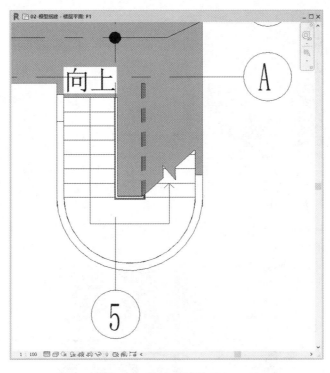

图 9-93　绘制弧形休息平台

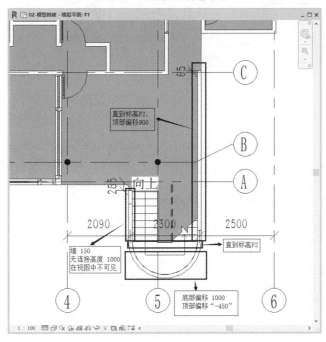

图 9-94　绘制一层楼梯墙体

进入西立面,修改刚才绘制的墙体轮廓,如图 9-95 所示。

同样进入东立面,编辑墙体轮廓线,如图 9-96 所示。

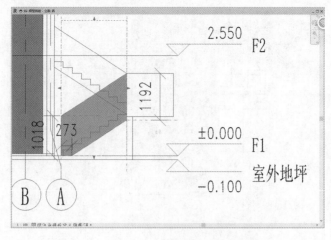

图 9-95　修改墙体轮廓

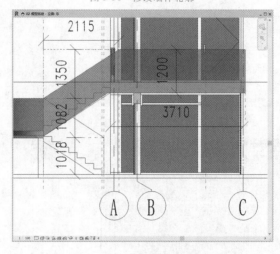

图 9-96　编辑墙体轮廓线

打开"楼层平面:F2",单击"建筑"选项卡＞"楼梯坡道"面板＞"扶手"命令,沿梯段边缘绘制扶手路径,如图 9-97 所示。

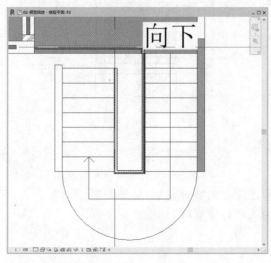

图 9-97　绘制二层扶手路径

　　单击"修改|编辑路径"选项卡＞"工具"面板＞"拾取新主体"命令,拾取楼梯。单击"属性"面板＞"编辑类型",在"类型属性"选项板修改其"类型"为"栏杆 3",单击"修改|编辑路径"选项卡＞"模式"面板＞"√"命令,完成楼梯扶手的绘制。

　　继续绘制栏杆,如图 9-98 所示。

　　单击"建筑"选项卡＞"构建"面板＞"墙"下拉菜单＞"墙"命令,修改其属性,如图 9-99 所示,绘制墙体,如图 9-100 所示。

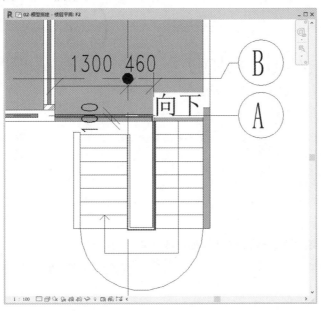

图 9-98　绘制二层栏杆

　　打开"楼层平面:F4",单击"建筑"选项卡＞"楼梯坡道"面板＞"扶手"命令,选择"扶手栏杆 2"绘制栏杆,如图 9-101 所示。

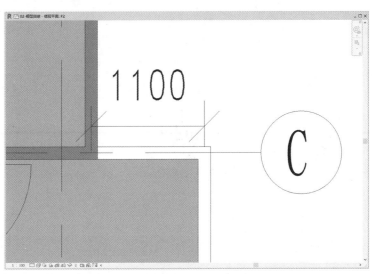

图 9-99　修改墙体属性　　　　　　　　　　　　　图 9-100　绘制四层墙体

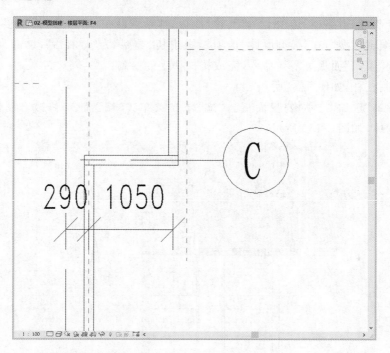

图 9-101 绘制四层栏杆

用同样的方法绘制另一处的栏杆，如图 9-102 所示。

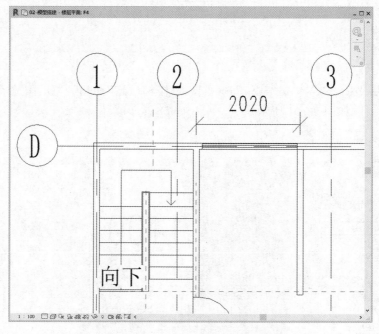

图 9-102 绘制四层另一侧栏杆

## 9.9.2 绘制坡道

打开"楼层平面：F2"，单击"建筑"选项卡＞"构建"面板＞"楼板"下拉菜单＞"楼板"命令,修改"属性"面板相对标高为 0,绘制楼板,如图 9-103 所示。

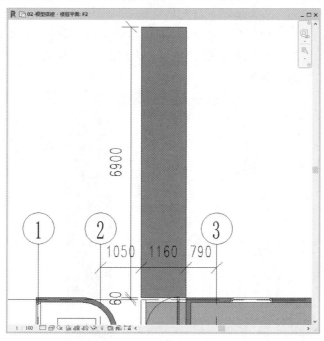

图 9-103　绘制二层楼板

　　单击"修改"选项卡＞"模式"面板＞"√"命令,完成楼板的绘制。弹出询问对话框,单击"否"按钮,如图 9-104 所示。

　　选择刚才绘制的楼板,单击"修改|楼板"选项卡＞"形状编辑"面板＞"修改子图元"命令,单击左上角的点,修改其标高为"－726",如图 9-105 所示,同样修改右上角的点。

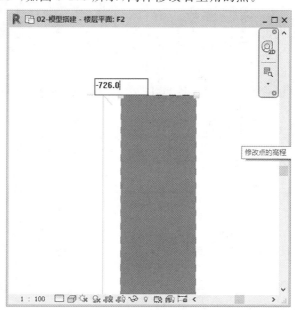

图 9-104　询问对话框

图 9-105　修改楼板标高

　　单击 Esc 键退出,即完成楼板的修改。再次选中楼板,单击"属性"面板＞"编辑类型",

修改其类型为 100.0，单击"确定"按钮完成楼板厚度的修改，于是就用楼板绘制了一个坡道。

单击"建筑"选项卡＞"构建"面板＞"墙"下拉菜单＞"墙"命令，选择墙 120，在"属性"面板修改墙体属性，如图 9-106 所示，然后绘制墙体，如图 9-107 所示。打开西立面，编辑墙体后完成墙体的绘制，如图 9-108 所示。

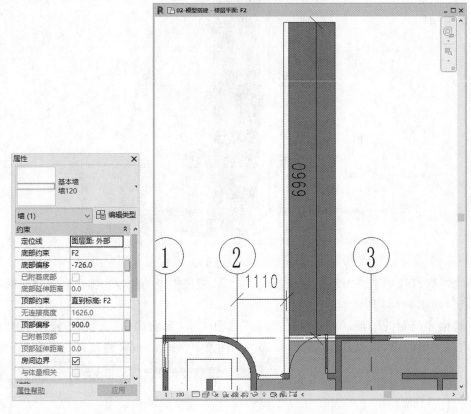

图 9-106　修改墙体属性　　　　　　　　　图 9-107　绘制墙体

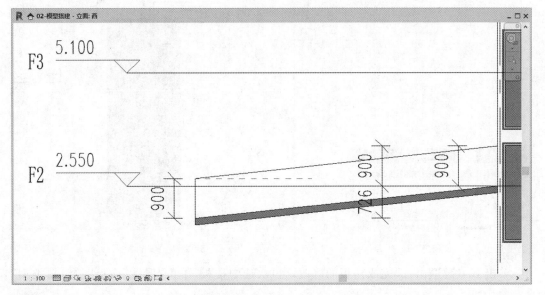

　　　　　　　图 9-108　完成墙体绘制

完成后保存文件为"02-模型搭建"。

# 9.10 创建烟囱

打开"楼层平面：F1"，单击"建筑"选项卡＞"构建"面板＞"构件"下拉菜单＞"内建模型"命令，在弹出的"族类别和族参数"面板中选择"墙"，如图 9-109 所示，进入模型的绘制。

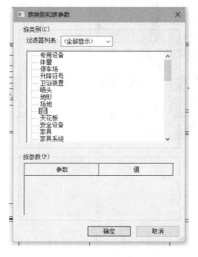

图 9-109　族类别和族参数

单击"建筑"选项卡＞"形状"面板＞"拉伸"命令，绘制拉伸形状，如图 9-110 所示，单击"修改"选项卡＞"模式"面板＞"√"命令。单击"修改"选项卡＞"在位编辑器"＞"完成模型"，完成模型的创建。

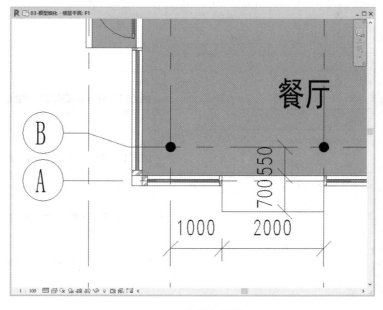

图 9-110　绘制拉伸形状

打开"立面:南",拖曳模型至需要的高度,如图 9-111 所示。

选中模型。单击"修改|墙"项卡>"模型"面板>"在位编辑"命令。再次选中模型,修改"属性面板"中的材质。单击"属性"面板中的"材质"选项,如图 9-112 所示。

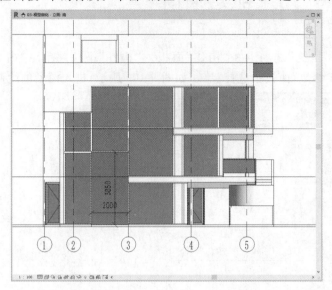

图 9-111　调整模型高度　　　　　　　　　　　图 9-112　修改烟囱属性

在弹出的"材质浏览器"对话框中新建材质"3-砖-白",修改其"表面填充图案"为"砌体-砖 75×225 m",如图 9-113 所示,单击"确定"按钮完成材质的创建。单击"修改"选项卡>"在位编辑器"面板>"完成模型"命令,完成材质的修改。

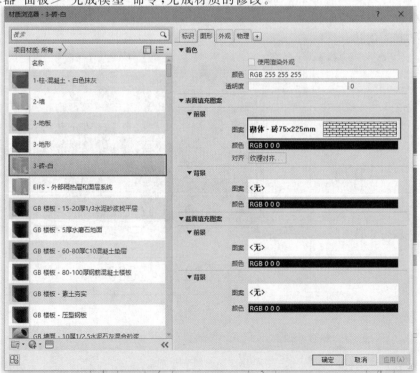

图 9-113　编辑烟囱材质

打开"楼层平面:F1",用同样的方式再次建一个模型,如图9-114、图9-115所示。

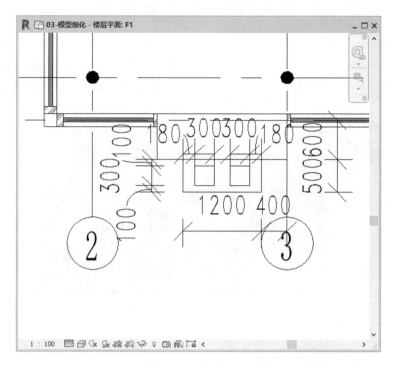

图9-114 绘制烟囱1

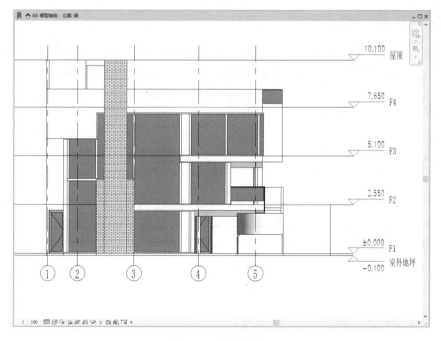

图9-115 绘制烟囱2

# 9.11　添加家具

打开"楼层平面:F2",单击"建筑"选项卡＞"构建"面板＞"构件"下拉菜单＞"放置构件"命令,属性选择"三人沙发11880×900×850",放置在客厅左侧,依次放置其他家具,如图9-116所示。

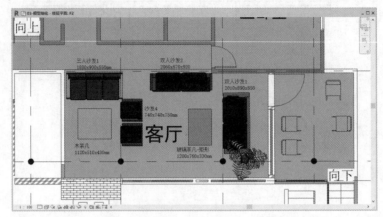

图9-116　放置家具

完成后保存文件为"03-模型细化"。

## 本章小结

本章通过一个现代别墅模型的创建,学习了项目的准备工作,包括新建项目及应用项目样板、保存项目、绘制项目标高和轴网等;模型的创建工作,包括创建建筑柱、绘制及编辑墙体、给项目添加门和窗、创建及绘制幕墙、楼板、楼梯和屋顶等;模型的细化工作,包括用内建模型命令创建烟囱和为模型添加家具。

## 思考与练习题

9-1　Revit在项目建立初期,标高、轴网的建立顺序一般是什么? 先建立轴网再建立标高与先建立标高再建立轴网有什么区别?

9-2　项目样板与项目文件有什么区别?

9-3　Revit的项目浏览器的主要作用有哪些?

# 参考文献

[1]  中华人民共和国住房和城乡建设部.建筑信息模型施工应用标准 GB/T 51235—2017[S].北京:中国建筑工业出版社,2017.

[2]  中华人民共和国住房和城乡建设部.建筑信息模型应用统一标准 GB/T 51212—2016[S].北京:中国建筑工业出版社,2016.

[3]  中华人民共和国住房和城乡建设部.2016—2020 年建筑业信息化发展纲要[R].2016.

[4]  冯小平,章丛俊.BIM 技术及工程应用[M].北京:中国建筑工业出版社,2017.

[5]  刘荣桂.BIM 技术及应用[M].北京:中国建筑工业出版社,2017.

[6]  陈长流,寇巍巍.Revit 建模基础与实战教程[M].北京:中国建筑工业出版社,2018.

[7]  葛洁.BIM 第一维度[M].北京:中国建筑工业出版社,2011.

[8]  葛文兰.BIM 第二维度[M].北京:中国建筑工业出版社,2011.

[9]  Chuck Fastman. BIM Hlandiock [M]. Now York: john Wley & Sons,2011.

[10]  何关培.如何让 BIM 成为生产力[M].北京:中国建筑工业出版社,2010.

[11]  李久林.大型施工总承包工程 BIM 技术研究与应用[M].北京:中国建筑工业出版社,2015.

[12]  李久林.智慧建筑理论与实践[M].北京:中国建筑工业出版社,2015.

[13]  欧阳东.BIM 技术:第一次建筑设计革命[M].北京:中国建筑工业出版社2013.

[14]  李建成 BIM 应用.导论[M].上海:同济大学出版社,2015.

[15]  工信部电子行业职业技能鉴定指导中心.BIM 应用案例分析[ M].北京:中国建筑工业出版社,2016.

[16]  丁烈云.BIM 应用施工[M].上海:同济大学出版社,2015.

[17]  刘占省.BIM 技术与施工项目管理[M].北京:中国电力出版社,2015.

[18]  廖小烽,王君峰.Revit 2013/2014 建筑设计火星课堂[M].北京:人民邮电出版社,2013.

[19]  何关培.BIM 总论 [M].北京:中国建筑工业出版社,2011.

[20]  中国城市科学研究会.绿色建筑 2011[M].北京:中国建筑工业出版社,2011.

[21]  左小英,李智,董玮,等.施工企业 BIM 团队建设模式探讨[J].土木建筑工程信息技术,2013,5(2):113-118.

[22]  刘保石,贺灵童.建筑企业如何打造 BIM 技术团队[J].工程质量,2013,31(2):

47-50.

[23]　何关培.BIM 和 BIM 相关软件[J].土木建筑工程信息技术,2010,2(4):110-117.

[24]　王裙.BIM 理念及 BIM 软件在建设项目中的应用研究[D].成都:西安交通大学,2011.

[25]　李美华,夏海仙,李晓贝.BIM 技术在城市规划微环境模拟中的应用[C]//2012中国城市规划年会,2012.

[26]　姜曦,王君峰.BIM 导论[M].北京:清华大学出版社,2017.

[27]　秦军.Autodesk Revit Architecture 201×建筑设计全攻略[M].北京:中国水利水电出版社,2013.

[28]　Autodesk Asia Pre Ltd,Autodesk Revit 2013 族达人速成[M].上海:同济大学出版社,2013.

[29]　任江,吴小员.BIM,数据集成驱动可持续设计[M].北京:中国机械工业出版社,2014.

[30]　李建成,王朔,杜嵘.Revit Building 建筑设计教程[M].北京:中国建筑工业出版社,2006.

[31]　李建成,卫兆骥,王诂.数字化建筑设计概论(第二版)[M].北京:中国建筑工业出版社,2015.

[32]　何关培.那个叫 BIM 的东西究竟是什么 2[M].北京:中国建筑工业出版社,2012.

[33]　易君,魏来.BIM 技术在绿色建筑评价体系中的应用[J].工业建设标准化,2014(4):51-55.

[34]　Teicholz E. Facility Design and Management Handbook[M]. New York:McGraw-Hill. 2001.

[35]　IFMAFoundation,Paul Teichdz. BIM for Facility managers[M]. New York:Jopn Wiley & Sons. 2013.

[36]　刘照球.建筑信息模型 BIM 概论[M].北京:机械工业出版社,2017.

[37]　耿跃云,徐浩,陈光.建筑行业可持续发展的催化剂——申都大厦改建工程全生命周期 BIM 应用[C].工程建设计算机应用创新论坛.2011:217-221.

[38]　查克.伊斯曼,保罗·泰肖尔兹,拉斐尔·萨克斯,等.BIM 手册[M].耿跃云,尚晋,译.北京:中国建筑工业出版社,2016.

[39]　黄亚斌,雷群,等.Revit 别墅设计实战攻略[M].北京:中国水利水电出版社,2011.